팬케이크 & 프렌치토스트

어릴 적에 엄마와 여동생과 함께 팬케이크를 만들었습니다. 팬케이크를 뒤집는 순간, 뭐라 표현할 수 없을 만큼 마음이 두근거렸지요. 능숙하게 뒤집지 못해서 크기는 제각각이었답니다. 모양이 조금 일그러진 팬케이크뿐이었지만, 따끈따끈한 팬케이크에 버터와 꿀을 듬뿍 발라서 여동생과 함께 볼이 미어지게 먹는 시간이 무척이나 행복했습니다.

프렌치토스트를 처음 알게 된 것은 초등학교 저학년 무렵이었습니다. 놀러 간 친구 집에서 친구가 프라이팬으로 뚝딱 만들어준 것이 프렌치토스트였습니다.
대가족인 우리 집에서는 식빵 한 봉지를 구입하면 토스트만으로 그날 안에 다 먹어버렸기 때문에, 식빵이 케이크처럼 달콤하고 폭신한 맛있는 디저트가 될 수 있다는 충격과 감동을 받고 프렌치토스트에 마음을 완전히 빼앗기고 말았답니다.

제과 일을 시작하면서 다양한 장르의 과자를 고안해왔지만, 저는 과자를 만들 때 늘 그런 두근거리는 즐거움이나 놀라움을 전하고 싶다는 마음을 근본적으로 가지고 있습니다.

이번에 「팬케이크 & 프렌치토스트」를 테마로 한 이 책에 대한 이야기를 들었을 때, 우선 프라이팬으로 가능한 한 가볍게 일상에서 즐길 수 있는 간식뿐만 아니라 아침식사나 브런치, 손님에게 대접할 수 있는 음식까지 다양하게 활용 가능한 요리를 만들 수 있도록 꾸며가자고 생각했습니다.

그리고 무엇보다 어른들이 즐길 수 있는 멋스럽고 화려한 요리를 간단한 응용과 스타일링으로 완성할 수 있도록 구성하였습니다.

토핑의 조합도 단순한 단맛뿐만 아니라 살짝 나는 쓴맛이나 신맛과 단맛, 따듯한 것과 차가운 것 등, 어른이기에 맛보기를 바라는 심오한 맛을 제 나름대로 표현해보았습니다.

이 책에서는 그런 저의 고집이 담긴 많은 종류의 팬케이크와 아파레유(빵을 적시는 액체)를 바꿈으로써 풍미가 다양해지는 프렌치토스트를 소개하고 있지만, 모두 다 특별한 규칙은 없습니다.

토핑이나 재료를 응용하면 무한하게 변신할 수 있습니다.

가벼운 마음으로 이것저것 도전해보면 자신의 취향에 맞는 나만의 오리지널 레시피도 만들 수 있답니다.

무엇보다 좋은 것은 팬케이크와 프렌치토스트 모두 프라이팬에 굽기만 하면 되므로 실패할 확률이 적고 갓 구운 빵을 먹을 수 있다는 점입니다. 자유로운 발상으로 여러분만의 설레고 즐거운 팬케이크와 프렌치토스트의 세계를 넓혀가기를 바랍니다. 소중한 누군가와 보내는 시간에 멋스러운 팬케이크나 프렌치토스트와 함께하거나, 혼자서 느긋하게 시간을 보낼 때나 휴일에 여유롭게 즐길 수 있는 브런치로 활용해도 멋질 것입니다!

'오늘은 팬케이크를 먹을까? 아니면 프렌치토스트를 먹을까?'

이렇게 생각하면서 이 책의 페이지를 넘기며 새로운 팬케이크와 프렌치토스트의 세계에 젖어보시기 바랍니다.

지금부터 행복으로 가득한, 팬케이크와 프렌치토스트가 함께하는 맛있는 시간을 즐겨보세요!

기무라 사치코

Contents

Part 2 프렌치토스트

Sweet French toast

Meal French toast

이 책의 레시피에 대하여

분량
- 1큰술은 15㎖, 1작은술은 5㎖이다.
- cc는 ㎖로 표기되어 있다.
- 적당량은 적절한 양을 넣으라는 의미이다.
- 과실. 과즙 등은 껍질과 씨앗을 제거한 실질적인 양이다.

프라이팬
- 불소수지 등으로 코팅된 프라이팬에는 기름이나 버터가 필요 없다. 그 외의 프라이팬은 달군 프라이팬에 소량의 샐러드유나 무염버터를 바르고 굽는다. 팬케이크의 경우에는 젖은 행주 위에 프라이팬을 올려서 반죽을 붓고 가스레인지 위로 옮겨서 굽는다.

불 조절
- 이 책에서 중약불이란 중불에 가까운 약한 불을 가리킨다.

오븐
- 이 책에서는 오븐 기능이 탑재된 전자레인지(소비전력 1400W)를 사용하고 있다. 레시피에 나오는 굽는 시간과 온도는 어디까지나 대략이므로, 사용하는 오븐에 맞춰서 조절한다.
- 오븐을 사용하기 전에 약 10분간 예열한다.

도구와 재료
- 도구는 반드시 물기나 기름기를 닦아낸 상태로 사용한다.
- 달걀은 M사이즈를 사용하며, 분량은 껍질을 제거한 내용물로 계산한다.
- 버터나 달걀은 요리하기 전 상온에 내놓는다.
- 생크림에 거품을 낼 때는 믹싱볼을 반드시 얼음물에 대고 식히면서 지정된 정도까지 거품을 낸다.

Prologue

프롤로그

팬케이크와 프렌치토스트. 두 요리 모두 만드는 법도 간단한 데다 아이디어에 따라서 무한하게 변신할 수 있다.

처음 도전하더라도 제대로 된 팬케이크와 프렌치토스트를 척척 만들 수 있도록 이번 장에서는 기본 재료와 도구,

그리고 크림과 소스를 소개한다.

기본 도구

실제로 즐겨 쓰는 제과 도구이다.
추천하는 품목이나 사용법을 소개한다.

프라이팬

직경 약 25cm의 불소수지 코팅 프라이팬을 추천한다.

거품기

달걀흰자, 생크림, 버터 등에 거품을 내거나 재료를 섞을 때 사용한다.

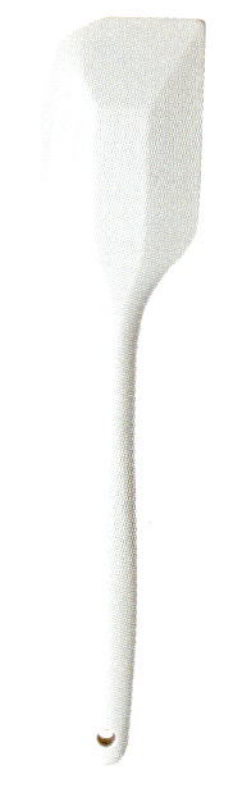

고무주걱

재료를 섞거나 퍼낼 때 사용한다. 내열성이 있는 실리콘제가 편리하다.

뒤집개

프라이팬을 손상시키지 않는 소재로 만들어진 얇은 것이 좋다.

프라이팬 뚜껑

열을 가하여 찔 때 사용한다. 틈이 생기지 않도록 알루미늄 포일로 덮어도 좋다.

트레이

재료를 펼쳐서 식히거나 과자 틀로 사용하는 등 쓰임새가 다양하다.

계량컵

액체를 잴 때 사용한다. 눈금이 잘 보이는 것을 고르자.

믹싱볼

열전도가 좋은 스테인리스제를 추천한다. 크기에 따라 대중소 3~5개가 있으면 편리하다.

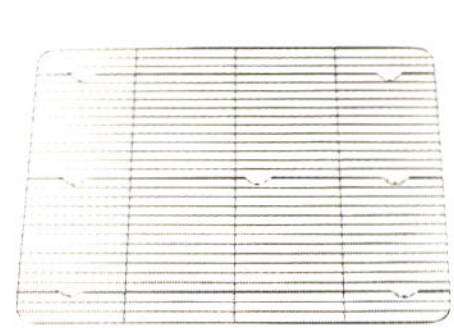

식힘망

다 구워진 빵 등을 식힐 때 사용한다.

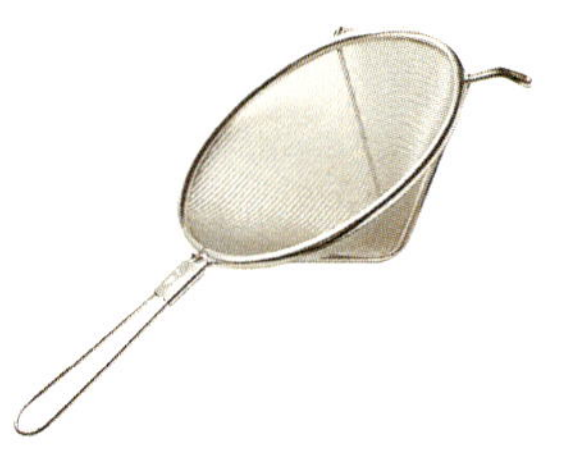

체

가루를 치거나 액체를 걸러낼 때 사용한다.

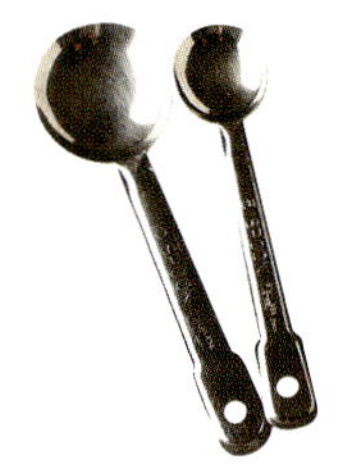

계량스푼

대(15ml)와 소(5ml)를 사용한다. 가루 종류를 잴 때는 넉넉하게 떠서 평평하게 깎아낸다.

주방저울

재료의 무게를 정확하게 잴 때 필수이다. 가능하면 디지털 저울을 구입하자.

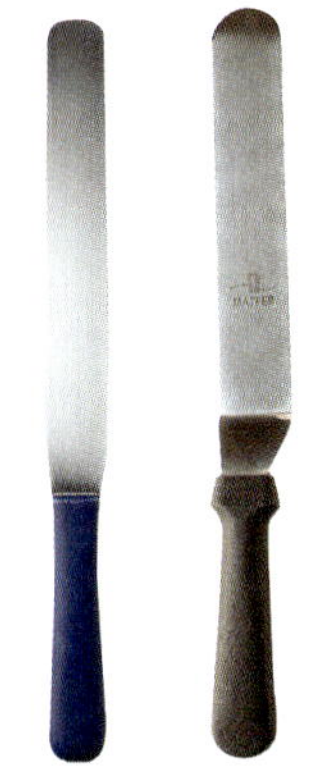

스패튤라

크림 등을 균등하게 펼쳐 발라서 표면을 평평하게 만들거나 틀에서 떼어낼 때 사용한다.

빵칼

톱날 형태의 칼. 부드러운 빵도 깨끗하게 잘라낼 수 있다.

강판

과일 표피를 갈 때 사용한다.

솔

빵에 시럽이나 버터를 바를 때 사용한다.

모양깍지

원하는 모양과 목적에 따라서 사용한다.

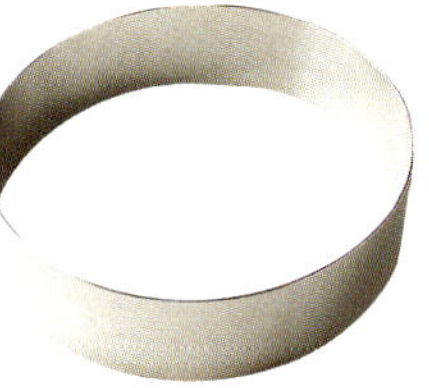

냄비

크림과 소스를 졸이거나 생크림을 데우거나 중탕할 때 사용한다.

무스링

반죽을 부어서 굽거나 무스 케이크를 만들 때 사용하면 편리하다.

짤주머니

모양깍지와 세트가 되어 반죽이나 생크림을 채워서 짜낼 때 사용한다.

푸드프로세서

재료를 잘게 썰어 주는 도구. 이 책에서는 소르베(40쪽)를 만들 때 사용한다.

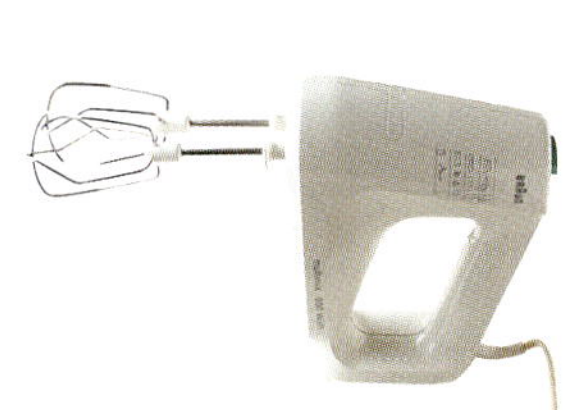

핸드믹서

달걀거품이나 머랭이 단시간에 깔끔하게 완성된다. 힘이 있고 속도를 조절할 수 있는 것이 좋다.

믹서

과일이나 채소를 주스로 만들 수 있다. 이 책에서는 소르베를 만들 때 사전 준비에 사용한다.

기본 재료

이 책에서 사용하는 재료와 그 재료를 선택하는 방법을 알아보자.
제과재료점이나 대형슈퍼에서도 구입할 수 있다.

밀가루

주로 박력분을 사용. 반죽에 탄력을 주고 싶을 때는 강력분을 첨가한다.

무염버터

과자의 풍미를 좌우하므로, 품질이 좋고 산화되지 않은 새 제품을 사용한다. 유염버터를 사용하기도 한다.

달걀

이 책에서는 M사이즈를 사용한다. 신선하고 맛있는 달걀을 선택하자.

전립분

밀을 통째로 분쇄한 것. 밀 본연의 향과 풍미가 완성된 요리의 개성을 나타낸다.

소금

빵과 쿠키의 맛을 끌어낸다.

왕소금

일반 소금보다 쉽게 녹지 않기 때문에 포인트를 주고 싶거나 달콤함을 강조하고 싶을 때 사용한다.

베이킹소다

빵을 부풀리고 구웠을 때 색이 짙어지게 하며 부드러운 식감을 유지시킨다.

베이킹파우더

구움과자 등에 사용하는 팽창제. 다른 가루와 함께 체에 쳐서 사용한다.

옥수수전분(콘스타치)

크림에 점성을 주거나 반죽에 첨가하기도 한다. 박력분의 일부를 대신해서 사용하면 식감이 가벼워진다.

슈거파우더

마무리에서의 데커레이션은 물론, 쿠키 등의 구움과자에도 사용할 수 있다.

그래뉴당

달걀흰자나 버터에도 바로 녹는다. 입자가 고운 제과용 제품을 추천한다. (정제 설탕 중 입자가 가장 작은 설탕. 이 책의 레시피에서는 그래뉴당을 쓰는 것을 추천하지만 일반 가정에서 쓰는 설탕을 사용하여도 무방하다.)

흑설탕

사탕수수 즙을 정제하지 않고 농축한 것. 칼슘이나 철분을 함유하고 있어서 독특하고 강한 단맛이 있다. 분말 상태인 것이 사용하기 편리하다.

갈색설탕

설탕이 제조되는 과정에서 열이 가해져 갈색을 띠는 설탕. 미네랄이 풍부하고 사탕수수 본연의 소박한 부드러운 단맛이 난다.

메이플슈거

단풍나무당이라고도 불리며 설탕단풍나무의 수액을 건조시킨 것. 천연 미네랄을 풍부하게 함유하고 있으며 향기도 풍성하다.

콩가루

대두를 볶아서 분쇄한 것. 보통은 설탕을 첨가하여 사용하지만, 그대로 재료에 묻히기도 한다.

검은깨

신선하고 고소한 것을 사용한다. 풍미가 날아갔을 때는 볶아서 사용하자.

버터밀크파우더

버터를 제조하는 공정에서 생기는 버터밀크를 파우더로 만든 것.

허니콤

소밀*. 프로폴리스나 로열젤리 등의 영양소가 풍부하다. (허니콤을 구하기 어려울 때는 일반 꿀을 사용하여도 무방하다.)

메이플시럽

설탕단풍나무의 수액을 바짝 졸여서 만든 다갈색의 맑은 액체.

흑당시럽

설탕과 얼음설탕을 정제할 때 생기는 당밀. 흑색, 적갈색, 짙은 황색이 있다.

*소밀 벌집째 수확한 꿀 또는 막 떠서 찌꺼기가 섞여 있는 꿀.

우유

이 책에서는 유지방 3.5% 이상의 것을 사용. 가능한 한 신선한 우유를 사용한다.

생크림

식물성과 혼합된 것은 피하고 순수 유지방 생크림을 사용. 이 책에서는 유지방 42%를 사용한다.

두유

취향에 따라서 선택하자. 요리가 완성되었을 때 맛이 균일하기를 원한다면 조정두유를 사용한다.

꿀

독특한 풍미를 주고 빵을 촉촉하게 하여 식감을 부드럽게 한다.

연유

가당연유. 우유를 가열하여 3분의 1 정도로 농축하고 설탕을 첨가한 것이다.

바닐라빈

표면이 촉촉한 것을 고르자. 껍질을 가르고 안의 씨앗을 긁어내 사용한다.

시나몬

시나몬 수피에서 만들어진 달콤한 향기가 나는 향신료. 스틱 타입과 파우더 타입이 있다.

포피시드

양귀비 씨. 아름다운 색감을 낸다. 톡톡 터지는 식감과 고소한 풍미를 즐길 수 있다. (식감이 약간 차이가 나지만 검은깨로 대신하여도 된다.)

파르메산치즈

주로 하드 타입을 잘게 갈아서 조미료로 사용한다.

분말치즈

치즈를 건조시켜서 분말로 만든 식품. 파르메산치즈가 원료인 것이 일반적이다.

플레인 요거트

우유 등을 유산 발효시킨 유제품. 이 책에서는 무당 플레인 요거트를 사용한다.

크림치즈

신선하고 염분이 적으며, 부드럽고 깊은 맛이 나는 것을 추천한다.

코코넛채

코코넛 가공품으로, 잘게 찢은 형태로 자른 것이다.

코코넛밀크파우더

코코넛밀크를 분말로 만든 것. 농도를 조절할 수 있다.

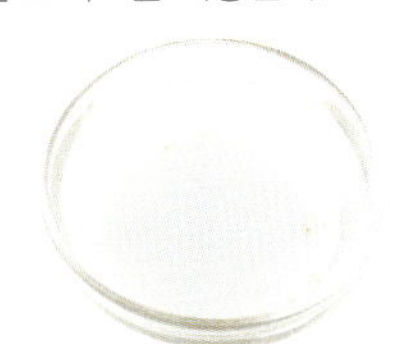

코코넛밀크

코코넛을 끓는 물에 우려낸 것. 통조림이나 냉동품이 있다.

아몬드파우더

분말 상태의 무염 아몬드. 요리에 견과의 달콤함과 깊이를 담고 싶을 때 사용한다.

초코칩

구움과자 등에 섞어 넣어도 잘 녹지 않아서 오독오독 씹히는 식감을 즐길 수 있다.

마카다미아넛

프로테아과(科) 마카다미아나무의 열매. 아삭아삭하게 씹히는 특유의 식감이 있으며, 감미로운 향기가 특징이다.

마시멜로

젤라틴을 주재료로 하여 달걀흰자, 설탕, 옥수수전분, 향료 등을 첨가하여 만든 서양과자의 일종이다.

호두

속껍질에서 특유의 쓴맛이 난다. 식감이 가벼우며 반죽에 섞어 넣거나 장식으로 사용하는 등 용도가 다양하다.

밀기울

밀가루의 글루텐이라는 단백질을 주원료로 한 가공품. 이 책에서는 구운 밀기울을 사용한다.

아몬드

제과용 무염 아몬드를 사용. 통째로 사용할 때는 미리 가볍게 볶아놓으면 좋다.

말차

풍미가 날아가기 쉬우므로 구움과자 등에 사용할 때는 향이 좋은 신선한 것을 선택한다.

코코아

이 책에서는 무당 코코아를 사용. 반죽에 섞거나 마무리할 때 사용하면 씁쓸한 맛을 낼 수 있다.

커피

이 책에서는 인스턴트커피를 사용. 반죽에 섞으면 커피의 풍미를 낼 수 있다.

홍차(얼그레이)

찻잎에 베르가못이라는 감귤향을 입힌 홍차. 홍차 향기가 풍부하게 나는 과자를 만들 수 있다.

화이트와인

청포도 등 주로 색이 옅은 과피의 포도를 원료로 하여 발효에는 과즙만 사용. 생선 요리와 어울린다.

레드와인

주로 적포도나 흑포도를 원료로 하여 과실을 통째로 발효. 고기 요리와 어울린다.

초콜릿

이 책에서는 카카오버터를 31% 이상 함유한 커버추어초콜릿(다크)을 사용한다.

화이트초콜릿

이 책에서는 카카오버터를 31% 이상 함유한 커버추어초콜릿(화이트)을 사용한다.

화이트와인비네거

청포도 과즙을 알코올 발효한 후에 초산균으로 더욱 발효시킨 식초를 말한다.

크렘드카시스

까막까치밥나무의 열매를 원료로 한. 단맛이 강한 진홍색 리큐르이다. (단맛이 진한 과실주로 대신하여도 된다.)

블랙페퍼

검은 후추. 열매가 완전히 익기 전에 후추나무에서 채취하여 건조시킨 것으로, 특유의 강한 풍미가 있다.

화이트페퍼

흰 후추. 열매가 완숙된 후에 수확하여 건조시켜서 껍질을 벗긴 것. 블랙페퍼보다 풍미가 약하다.

화이트럼

사탕수수의 증류주. 이 책에서는 프렌치토스트에 사용한다.

다크럼

사탕수수를 증류한 후 장시간 숙성시킨 술. 과자에 향을 입힐 때 사용한다.

기본 소스

앙글레즈소스
잘 굳지 않는 부드러운 커스터드 맛의 소스.

재료(완성시 약 120g)

우유	100㎖
바닐라빈	⅛개
그래뉴당	20g
달걀노른자	1개

1. 냄비에 우유와 바닐라빈 껍질과, 껍질을 세로로 갈라서 긁어낸 씨앗을 넣고, 그래뉴당 절반을 첨가하여 끓기 직전까지 가열한다.

2. 풀어놓은 달걀노른자와 나머지 그래뉴당을 믹싱볼에 넣고 거품기로 저어서 그래뉴당을 녹인다.

3. 1이 끓기 시작하면 2에 부어서 섞은 다음 냄비로 다시 옮긴다.

4. 고무주걱을 계속해서 8자로 움직여 약한 불로 걸쭉해질 때까지 졸인다.

5. 체로 거른 후 용기를 얼음물에 대고 식힌다. 냉장고에서 약 2일간 보존할 수 있다.

기본 크림

크렘파티시에
바닐라향이 고급스럽게 나는 커스터드크림.

재료(완성시 약 110g)

우유	100㎖
바닐라빈	⅛개
그래뉴당	20g
달걀노른자	1개
박력분	4g
옥수수전분	4g

1. 냄비에 우유와 바닐라빈 껍질과, 껍질을 세로로 갈라서 긁어낸 씨앗을 넣고, 그래뉴당 절반을 첨가하여 끓기 직전까지 가열한다.

2. 풀어놓은 달걀노른자와 나머지 그래뉴당을 믹싱볼에 넣고 거품기로 저어서 그래뉴당을 녹인다.

3. 체에 친 박력분과 옥수수전분을 2에 넣고 섞는다.

4. 3에 1을 조금씩 넣어서 섞고, 풀어지면 나머지 1을 더욱 부어서 섞는다.

5. 4를 체에 걸러서 냄비로 옮긴다.

6. 나무주걱을 계속해서 8자로 움직여 눌러 붙지 않도록 하며 중불로 바짝 졸인다. 냄비 바닥에서 응어리가 지기 시작하면 타지 않도록 더욱 주의하며 졸인다.

7. 트레이에 부어서 마르지 않도록 표면에 랩을 꼼꼼하게 씌운 후, 트레이를 얼음물에 대고 식힌다. 냉장고에서 약 2일간 보존할 수 있다.

Part1

팬케이크

갓 구운 폭신폭신한 팬케이크에서 퍼지는 뭐라 표현할 수 없는 좋은 향기. 팬케이크는 누구나 웃음 짓게 하는

불가사의한 매력이 있다. 이렇게 행복이 흘러넘치는 팬케이크를 집에서 즐기고자 하는 바람을 담아서 무척이나

먹음직스럽고 멋스러운 레시피를 많이 모아보았다.

버터밀크
팬케이크
도톰한
볼륨 팬케이크
플레인
팬케이크
수플레
팬케이크

플레인·버터밀크 팬케이크

모든 레시피에 잘 어울린다.
버터밀크 팬케이크는 식감이 부드러우면서도 쫄깃하다.

플레인 팬케이크

버터밀크 팬케이크

📋 재료(직경 약 12cm×3장 분량)

박력분	70g
(버터밀크 팬케이크의 경우: +버터밀크파우더 10g)	
베이킹파우더	1g
베이킹소다	1g
소금	1꼬집
달걀	1개
플레인 요거트	30g
그래뉴당	15g
우유	50㎖
무염버터	20g

🍴 준비 사항

* 무염버터는 중탕으로 녹인다.

🥄 만드는 법

1. 박력분, 베이킹파우더, 베이킹소다, 소금을 함께 체에 친다(버터밀크 팬케이크를 만들 때는 버터밀크파우더도 첨가한다).

2. 다른 믹싱볼에 플레인 요거트와 그래뉴당을 넣어서 섞은 다음, 우유를 첨가하여 섞는다.

3. 2에 달걀을 섞고, 녹여둔 무염버터를 넣어서 섞는다.

4. 1에 3을 조금씩 부어서 부드러운 상태가 될 때까지 섞는다.

5. 프라이팬을 중불 이상에서 달군 후, 젖은 행주 위에 올린다. (※)
(※)프라이팬을 젖은 행주 위에 올려놓는 것은 온도를 균일하게 낮추기 위해서이다.

6. 5의 프라이팬에 4의 반죽의 ⅓을 조금 높은 곳에서 부어 중약불로 굽는다. 표면의 약 ⅓에 거품이 올라와서 터지기 시작하면, 또다시 프라이팬을 젖은 행주 위에 올려서 반죽을 뒤집는다.

7. 6을 중약불로 1~2분 구운 후, 팬케이크 아래에 뒤집개가 쉽게 통과할 정도가 되면 완성이다.

수플레 팬케이크

머랭을 넣어서 만드는 폭신폭신한 팬케이크.
과일이나 크림과도 찰떡궁합!

📋 재료(직경 약 12cm×4장 분량)

박력분	80g
베이킹파우더	1g
소금	1꼬집
달걀노른자	1개
우유	100㎖
무염버터	15g
달걀흰자	1개
그래뉴당	15g

🍳 준비 사항

* 박력분, 베이킹파우더, 소금을 함께 체에 친다.
* 무염버터는 중탕으로 녹인다.

🥄 만드는 법

1. 우유에 달걀노른자를 넣어서 저은 다음, 녹인 버터를 첨가하여 섞는다. 그리고 이것을 체에 쳐둔 박력분, 베이킹파우더, 소금이 들어 있는 믹싱볼에 넣어서 섞는다.

2. 다른 믹싱볼에서 달걀흰자에 거품을 내고 그래뉴당을 몇 번 나눠 넣어서 고무주걱을 들어 올렸을 때 뿔이 설 정도의 머랭을 만든다. 그런 다음 1에 몇 번 나눠 넣어서 가볍게 섞는다.

3. 프라이팬을 중불 이상에서 달궈 젖은 행주 위에 올린 다음, 2의 반죽의 ¼을 조금 높은 곳에서 부어 중약불로 굽는다. 그리고 표면의 약 ⅓에 거품이 올라와서 터지기 시작하면 또다시 프라이팬을 젖은 행주 위에 올려서 반죽을 뒤집는다.

4. 3을 중약불로 1~2분 구운 다음, 팬케이크 아래에 뒤집개가 쉽게 통과할 정도가 되면 완성이다.

도톰한 볼륨 팬케이크

카페에서 먹는 듯한 볼륨감 있는 팬케이크.
정성스럽게 구우면 폭신폭신하고 촉촉한 식감의 팬케이크가 완성된다.

재료 (직경 15㎝인 무스링 1개 분량)

박력분	80g
베이킹파우더	1g
소금	1꼬집
달걀노른자	1개
우유	80㎖
무염버터	15g
꿀	10g
달걀흰자	1개
그래뉴당	20g

준비 사항

* 박력분, 베이킹파우더, 소금을 함께 체에 친다.
* 무염버터는 중탕으로 녹인다.
* 무스링 안쪽에 버터(분량 외)를 발라 둔다.

만드는 법

1. 우유에 달걀노른자를 넣어서 저은 후, 녹인 버터와 꿀을 첨가하여 섞는다. 그리고 체에 친 박력분, 베이킹파우더, 소금이 들어 있는 믹싱볼에 넣어서 섞는다.

2. 다른 믹싱볼에서 달걀흰자에 거품을 내고 그래뉴당을 몇 번 나눠 넣어서 고무주걱을 들어 올렸을 때 뿔이 설 정도의 머랭을 만든 다음, 1에 몇 번 나눠 넣어서 가볍게 섞는다.

3. 프라이팬을 중불 이상에서 달군 후 젖은 행주 위에 올린다. 그리고 약한 불로 조절한 가스레인지에 옮겨서, 준비해둔 무스링을 놓고 2를 부은 후 뚜껑을 덮는다.

4. 약한 불로 15분 정도 구운 후, 가장자리에 형태가 잡히고 표면 전체에 기포가 올라오면, 무스링 안쪽에 나이프를 넣어서 무스링을 떼어내 뒤집은 후 약 5분간 약한 불로 굽는다.

Sweet
Pancake 1

딸기밀크버터와 커스터드크림 팬케이크

재료(두 접시 분량)

팬케이크

수플레 팬케이크(18쪽)	6장

딸기밀크버터

딸기	35g
연유	20g
무염버터	35g

크렘파티시에

우유	100㎖
바닐라빈	⅙개
그래뉴당	20g
달걀노른자	1개
박력분	4g
옥수수전분	4g

마무리

자신의 취향에 맞는 베리	적당량
연유	적당량
슈거파우더	적당량

준비 사항

* 수플레 팬케이크(18쪽) 만드는 법을 참고하여 6장을 구워둔다.
* 박력분, 옥수수전분은 함께 체에 친다.
* 딸기밀크버터의 재료인 무염버터를 하얗게 될 때까지 거품기로 젓는다.

마무리

수플레 팬케이크를 3장 포갠 것 위에 스푼 등으로 뜬 크렘파티시에(적당량)와 딸기밀크버터를 얹고 자신의 취향에 맞는 베리를 장식한다. 접시 전체에 연유를 가늘게 뿌리고 슈거파우더를 뿌린 후 취향대로 처빌*을 장식한다.

*처빌 Chervil 파슬리와 비슷하게 생긴 허브. 어린잎을 주로 먹으며, 감미로운 향이 특징이다. 처빌 대신 파슬리를 사용하여도 된다.

만드는 법 딸기밀크버터

1. 딸기를 포크 등으로 으깨고 연유를 넣어서 섞는다.

2. 준비해둔 무염버터에 1을 조금씩 넣어서 섞는다.

만드는 법 크렘파티시에

1. 냄비에 우유와 바닐라빈 껍질과, 껍질을 세로로 갈라서 긁어낸 씨앗을 넣고, 그래뉴당 절반을 첨가하여 끓기 직전까지 가열한다.

2. 풀어놓은 달걀노른자와 나머지 그래뉴당을 믹싱볼에 넣고, 거품기로 저어서 그래뉴당을 녹인다.

3. 체에 친 박력분과 옥수수전분을 2에 넣어서 섞는다.

4. 3에 1을 조금씩 부어서 섞어주고, 다 녹으면 나머지 1을 더 부어서 섞는다.

5. 4를 체에 걸러서 냄비로 옮긴다.

6. 가열하여 냄비 바닥에서 응어리가 지기 시작하면, 눌러 붙지 않도록 더욱 주의하며 바짝 졸인다.

7. 6을 트레이에 붓는다.

8. 나무주걱으로 얇고 균등하게 펼치고 마르지 않도록 표면에 랩을 꼼꼼하게 씌운 다음, 트레이를 얼음물에 식힌다.

Sweet
Pancake 2

바나나코코아딥과 메이플크림 팬케이크

📋 재료(두 접시 분량)

팬케이크

수플레 팬케이크(18쪽) ·················· 6장

바나나코코아딥

바나나 ························· 1개
코코아(무당) ····················· 6g
그래뉴당 ························ 4g
생크림 ························· 12㎖

메이플크림

생크림 ························· 80㎖
메이플시럽 ······················ 50g
다크럼 ······················ 1작은술

초콜릿소스(※3~4인분)

우유 ·························· 50㎖
생크림 ························· 50㎖
커버추어초콜릿*(카카오 55%) ········· 90g

※3~4인분이므로 양이 조금 넉넉하다. 보존용기에 담아서 랩을 꼼꼼하게 씌우고 뚜껑을 닫아 냉장고에 넣어두면 5일간 보존할 수 있다.

*커버추어초콜릿 카카오 함유량이 최소 54%이상인 초콜릿. 코코넛유, 팜유 등의 식물성유지나 정제가공 유지가 전혀 들어있지 않고, 순수 카카오 버터만이 함유되어 있다.

마무리

바나나 ······················· 적당량
호두 ························· 적당량
코코아 ······················· 적당량

🍳 준비 사항

* 수플레 팬케이크(18쪽) 만드는 법을 참고하여 6장을 구워둔다.

* 바나나코코아딥의 재료인 코코아는 체에 쳐서 그래뉴당과 잘 섞어둔다.

* 초콜릿소스의 재료인 초콜릿은 잘게 썰어둔다.

* 호두는 130도 오븐에서 약 20분간 구운 다음, 잘게 썰어둔다.

🥄 만드는 법 바나나코코아딥

1. 껍질을 벗긴 바나나를 으깬 다음, 합쳐둔 코코아와 그래뉴당을 넣어서 섞는다.

2. 1에 생크림을 넣어서 섞는다.

🥄 만드는 법 메이플크림

1. 거품기로 생크림이 걸쭉해질 만큼 거품을 낸 후, 메이플시럽을 넣어서 섞는다.

2. 다크럼을 넣어서 섞는다.

🥄 만드는 법 초콜릿소스

1. 냄비에 우유와 생크림을 넣어서 끓기 직전까지 가열한다.

2. 준비해둔 초콜릿에 넣어서 초콜릿을 녹인다.

마무리 팬케이크 3장을 포갠 후, 메이플크림을 뿌리고 바나나코코아딥을 올린다. 그 위에 한 입 크기로 자른 바나나를 올리고 초콜릿소스, 호두, 코코아를 뿌린 다음 취향대로 민트를 장식한다.

Sweet
Pancake 3

포피시드와 치즈버터 팬케이크

📋 재료(두 접시 분량)

팬케이크(직경 약 10㎝×8장)

박력분	70g
베이킹파우더	1g
베이킹소다	1g
소금	1꼬집
달걀	1개
플레인 요거트	30g
A 그래뉴당	15g
우유	50㎖
무염버터	20g
크림치즈	60g
그래뉴당	16g
포피시드	1큰술

크림치즈버터

크림치즈	30g
무염버터	15g
그래뉴당	15g

마무리

메이플시럽	적당량

👩‍🍳 준비 사항

* 팬케이크 재료인 박력분, 베이킹파우더, 베이킹소다, 소금을 함께 체에 친다.
* 팬케이크 재료인 무염버터는 중탕으로 녹인다.
* 크림치즈버터의 재료인 무염버터는 상온에 내놓는다.
* 팬케이크 재료인 A를 모두 함께 섞는다.

🥄 만드는 법 팬케이크

1. 체에 친 박력분, 베이킹파우더, 베이킹소다, 소금과 A의 재료를 섞은 다음. 크림치즈와 그래뉴당을 넣어서 섞는다. 그리고 마지막에 포피시드를 넣어서 섞는다.

2. 플레인 팬케이크(17쪽) 만드는 법을 참고하여 8장을 굽는다.

🥄 만드는 법 크림치즈버터

1. 크림치즈를 풀어주고 그래뉴당을 넣어서 섞는다.

2. 상온에 놓았던 무염버터를 1에 넣어서 섞는다.

마무리

팬케이크 4장을 포개고 위에서 메이플시럽을 뿌린 다음, 크림치즈버터를 곁들인다.

Sweet
Pancake 4

소금버터캐러멜과 바나나 팬케이크

*소테 saute 프라이팬에 버터나 샐러드유를 두르고 고온에서 살짝 볶는 요리.

재료(두 접시 분량)

팬케이크

플레인 팬케이크(17쪽)	4장

소금버터캐러멜(※3~4인분)

그래뉴당	80g
생크림	50㎖
유염버터	25g
소금	1g
물(시럽용)	40g
그래뉴당(시럽용)	30g

※3~4인분이므로 양이 조금 넉넉하다. 보존용기에 담아서 냉장고에 넣어두면 5일간 보존할 수 있다.

바나나 소테

바나나	1개
그래뉴당	20g
무염버터	20g
다크럼	1작은술

마무리

호두	적당량
크렘샹틸리(※)	적당량
슈거파우더	적당량

※생크림 적당량에 그래뉴당(생크림 양의 8% 비율)을 첨가하여 거품 낸 것.

준비 사항

* 플레인 팬케이크(17쪽) 만드는 법을 참고해서 구워둔다.
* 호두는 130도 오븐에서 약 20분간 구워서 잘게 썰어둔다.
* 소금버터캐러멜의 재료인 생크림은 끓기 직전까지 데운다.
* 바나나는 껍질을 벗겨서 가로로 비스듬히 자른다.

만드는 법 소금버터캐러멜

1. 냄비에 시럽용 그래뉴당과 물을 넣고 녹여서 시럽을 만든다.

2. 다른 냄비에 그래뉴당을 넣어서 중불로 조금씩 녹인다.

3. 내용물 전체에 거품이 일며 캐러멜 색이 되었을 때 불을 끄고, 데워둔 생크림을 조금씩 넣어서 섞는다.

4. 유염버터를 3에 넣어서 녹인 다음, 소금을 첨가하여 섞는다.

5. 1에서 만든 시럽을 첨가하여 섞은 후 체에 거른다.

만드는 법 바나나 소테

1. 프라이팬에 무염버터를 녹이고 그래뉴당을 넣어서 섞어 녹인 후, 껍질을 벗겨 잘라 놓은 바나나를 넣고 볶는다.

2. 다크럼을 넣고 가열하여 알코올은 날려 보내고, 향만 스며들게 한다.

 마무리 팬케이크 2장을 포개고 소금버터캐러멜과 호두를 뿌린다. 그 위에 크렘샹틸리와 바나나 소테를 올리고 슈거파우더를 뿌린 후 취향대로 민트를 장식한다.

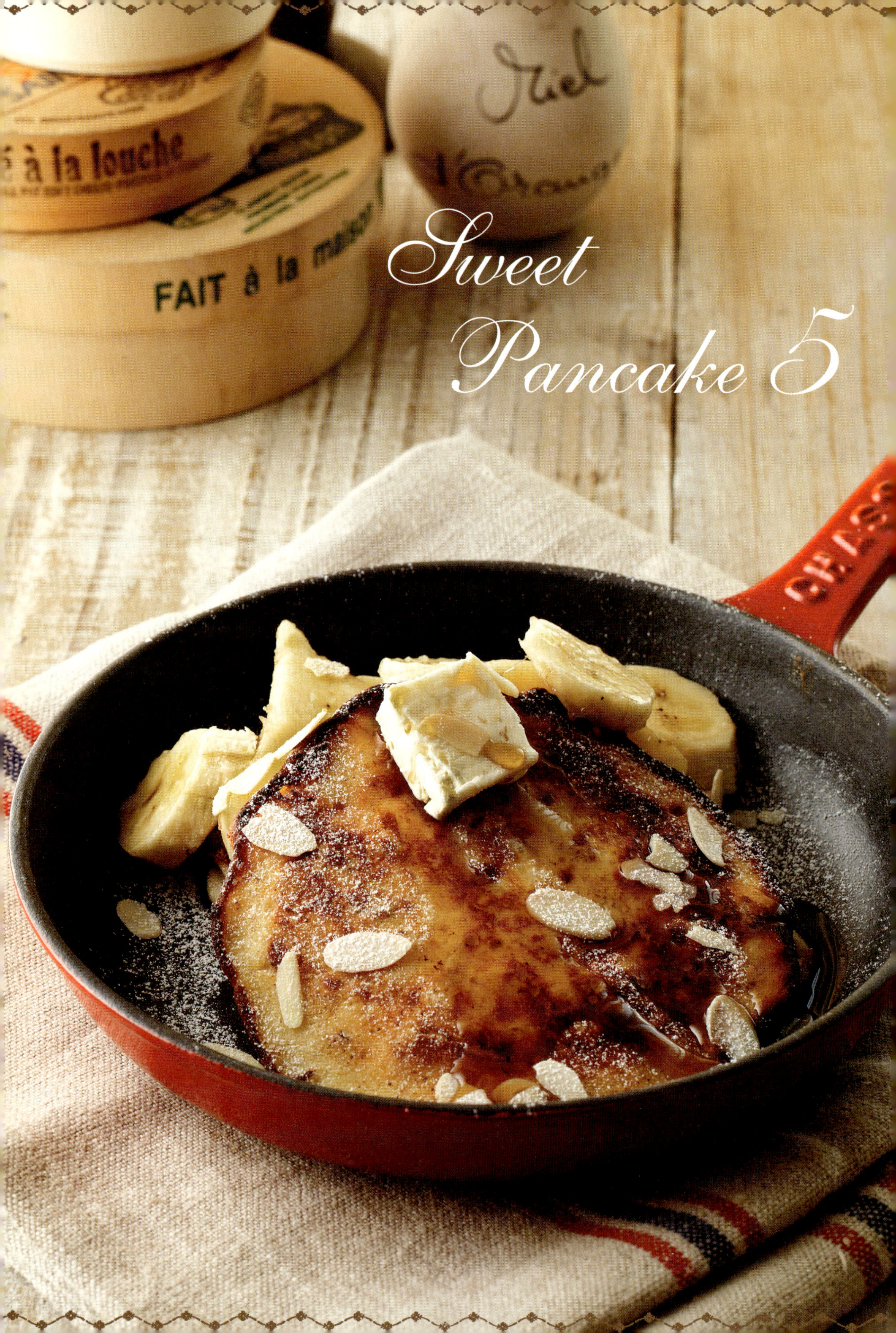

Sweet
Pancake 5

리코타치즈와 아몬드 팬케이크

재료(두 접시 분량)

팬케이크(직경 약 10㎝×3~4장 분량)

박력분	50g
아몬드파우더	10g
리코타치즈	60g
달걀노른자	1개
우유	40㎖
달걀흰자	1개
그래뉴당	20g
아몬드	30g

허니콤버터(※3~4인분)

무염버터	50g
허니콤	20g
꿀	5g

※3~4인분이므로 양이 조금 넉넉하다. 랩을 씌워 냉장고에서 보관하면 약 1주일간 보존할 수 있다.

마무리

슬라이스 아몬드	적당량
바나나	적당량
메이플시럽	적당량
슈거파우더	적당량

준비 사항

* 팬케이크 재료인 박력분과 아몬드파우더는 함께 체에 친다.
* 리코타치즈, 무염버터는 상온에 내놓는다.
* 팬케이크 재료인 아몬드는 130도 오븐에서 약 20분간 구워서 잘게 썰어둔다.
* 마무리용 슬라이스 아몬드는 프라이팬에서 가볍게 볶는다.

마무리

팬케이크 2장을 포개고 바나나와 자신의 취향대로 자른 허니콤버터를 얹은 다음, 준비해둔 슬라이스 아몬드, 메이플시럽, 슈거파우더를 위에 뿌린다.

만드는 법 팬케이크

1. 믹싱볼에 리코타치즈를 풀고 달걀노른자를 넣어서 섞은 다음, 우유를 붓고 다시 섞어준다.

2. 체에 친 박력분과 아몬드파우더에 1을 넣어서 섞는다.

3. 준비해둔 아몬드를 2에 넣어서 섞는다.

4. 다른 믹싱볼에서 달걀흰자와 그래뉴당을 섞어 고무주걱을 들어 올렸을 때 뿔이 설 정도의 머랭을 만든 다음, 3에 여러 번 나눠 넣어서 가볍게 섞는다.

5. 프라이팬을 달궈서 소량의 무염버터(분량 외)를 녹이고, 젖은 행주 위에 프라이팬을 올린다.

6. 수플레 팬케이크(18쪽) 만드는 법 3, 4를 참고하여 굽는다.

만드는 법 허니콤버터

1. 거품기로 저어서 부드럽게 만든 무염버터에 잘게 자른 허니콤과 꿀을 넣어서 섞는다.

2. 랩을 씌워 기다란 형태로 만들고 냉장고에 넣어서 굳힌다.

Sweet
Pancake 6

마카다미아넛소스 팬케이크

재료(두 접시 분량)

팬케이크(직경 약 12㎝×6장 분량)

박력분	90g
전립분	30g
베이킹파우더	2g
베이킹소다	2g
소금	1꼬집
달걀	2개
우유	70㎖
플레인 요거트	30g
그래뉴당	30g
무염버터	20g

마카다미아넛소스

우유	35㎖
연유	30g
그래뉴당	5g
메이플슈거	8g
옥수수전분	4g
바닐라에센스	적당량
달걀흰자	1개
그래뉴당	30g

마무리

마카다미아넛	15g

준비 사항

* 팬케이크 재료인 박력분, 전립분, 베이킹파우더, 베이킹소다, 소금을 함께 체에 친다.
* 무염버터는 중탕으로 녹인다.
* 마카다미아넛을 잘게 썰어둔다.
* 마카다미아넛소스의 재료인 그래뉴당, 메이플슈거, 옥수수전분을 섞어둔다.

만드는 법 팬케이크

체에 친 박력분, 전립분, 베이킹파우더, 베이킹소다, 소금에 나머지 재료를 넣어서 섞고, 플레인 팬케이크(17쪽) 만드는 법을 참고하여 굽는다.

만드는 법 마카다미아넛소스

1. 냄비에 우유와 연유를 부어서 데운 후, 준비해둔 그래뉴당과 메이플슈거, 옥수수전분을 조금씩 넣어서 풀어준다.

2. 중불로 걸쭉해질 때까지 졸인 후, 믹싱볼에 옮겨 담아 랩을 씌우고 상온에서 식힌다.

3. 2에 바닐라에센스를 첨가하고, 다른 믹싱볼에 달걀흰자를 넣고 그래뉴당은 여러 번 나눠 넣어 고무주걱을 들어 올렸을 때 뿔이 설 정도로 거품을 낸 머랭을 만든 다음, 함께 가볍게 섞는다.

※마무리용인 마카다미아넛을 올리면 마카다미아넛소스가 된다.

마무리

잘게 썰어둔 마카다미아넛을 프라이팬에 볶는다. 3장을 겹쳐놓은 팬케이크에 마카다미아넛소스를 뿌리고 갓 볶은 마카다미아넛을 올린다.

Sweet
Pancake 7

오렌지 수플레 팬케이크

재료(두 접시 분량)

팬케이크(약 15㎝×6장 분량)

박력분	160g
베이킹파우더	2g
소금	2꼬집
달걀노른자	2개
우유	200㎖
무염버터	30g
달걀흰자	2개
그래뉴당	30g
오렌지껍질 간 것	1개 분량

오렌지크림

오렌지과즙	80g
오렌지껍질 간 것	½개 분량
그래뉴당	25g
옥수수전분	8g
달걀	1개
달걀노른자	1개
무염버터	30g

앙글레즈소스(13쪽)

	적당량

마무리

크렘샹티이(27쪽)	적당량
오렌지	적당량

준비 사항

* 팬케이크 재료인 박력분, 베이킹파우더, 소금을 함께 체에 친다.
* 오렌지크림의 재료인 오렌지과즙은 오렌지를 짜서 체에 걸러 씨앗과 과육을 제거한다.
* 오렌지크림의 재료인 그래뉴당과 옥수수전분을 섞어둔다.

마무리

팬케이크에 오렌지크림과 속껍질을 벗겨내 표면을 가볍게 구운 오렌지를 세 번 반복해서 얹은 후, 세 번째 팬케이크 위에 크렘샹티이를 올리고 앙글레즈소스를 뿌린 다음 취향대로 처빌을 장식한다.

만드는 법 팬케이크

수플레 팬케이크(18쪽) 만드는 법을 참고하여 오렌지껍질 간 것을 마지막에 넣어서 굽는다.

만드는 법 오렌지크림

1. 냄비에 오렌지과즙을 넣고 끓기 직전까지 데운다.

2. 믹싱볼에 달걀노른자와 달걀을 풀어주고, 합쳐둔 그래뉴당과 옥수수전분을 넣어서 섞는다.

3. 1을 2의 믹싱볼에 조금씩 부어서 섞은 후 체에 걸러서 냄비에 옮기고, 오렌지껍질 간 것을 넣어서 걸쭉해질 때까지 중불로 끓인다.

4. 3을 믹싱볼에 옮기고 무염버터를 넣어서 녹인 후, 얼음물로 믹싱볼의 열기를 제거하고 랩을 씌워 냉장고에서 식힌다.

Sweet
Pancake 8

말차와 팥 팬케이크

재료(3개 분량)

팬케이크(직경 약 8㎝×6장 분량)

박력분	67g
말차	3g
베이킹파우더	1g
베이킹소다	1g
소금	1꼬집
달걀	1개
플레인 요거트	20g
그래뉴당	20g
우유	50㎖
무염버터	20g

말차크림

생크림	40㎖
말차	3g
생크림	20㎖
커버추어초콜릿(화이트)	15g

마무리

으깨지 않은 팥소(시중에 판매되고 있는 것)
	적당량
말차	적당량

*말차는 시중에 파는 녹차가루로 대체 가능하다.

준비 사항

* 팬케이크 재료인 박력분, 말차, 베이킹파우더, 베이킹소다, 소금을 함께 체에 친다.
* 무염버터는 중탕으로 녹인다.

만드는 법 팬케이크

체에 친 박력분, 말차, 베이킹파우더, 베이킹소다, 소금에 나머지 재료를 넣어서 섞은 후, 플레인 팬케이크(17쪽) 만드는 법을 참고하여 굽는다.

만드는 법 말차크림

1. 생크림 20㎖를 끓기 직전까지 데운 후, 믹싱볼에 담긴 화이트초콜릿에 부어서 녹인다. 그리고 얼음물에 믹싱볼을 대고 식힌다.

2. 생크림 40㎖에 말차를 넣어서 거품을 낸다.

3. 2에 1을 넣어서 섞은 후 걸쭉해질 때까지 다시 거품을 낸다.

마무리

팬케이크에 말차크림을 짜서 올리고 팥소를 얹은 후, 팬케이크를 1장 더 올려서 샌드위치 형태로 만든다. 그리고 냉장고에서 식힌 다음, 먹기 전에 체로 말차를 뿌린다.

Sweet
Pancake 9

초코칩과 마시멜로가 들어간 커피 팬케이크

재료(한 접시 분량)

팬케이크(직경 약 12cm × 3장 분량)

박력분	70g
인스턴트커피	2g
베이킹파우더	2g
소금	1꼬집
달걀	1개
플레인 요거트	20g
그래뉴당	15g
우유	30㎖
무염버터	15g
초코칩	15g
마시멜로	적당량

마무리

자신의 취향에 맞는 견과	적당량
초콜릿아이스크림	적당량
초콜릿소스(23쪽)	적당량

준비 사항

* 팬케이크 재료인 박력분, 인스턴트커피, 베이킹파우더, 소금을 함께 체에 친다(커피 입자가 클 때는 마지막에 넣는다).
* 무염버터를 중탕으로 녹인다.
* 취향대로 고른 견과는 130도 오븐에서 약 20분간 굽고, 큰 것은 잘게 썰어둔다.

만드는 법 팬케이크

1. 체에 쳐둔 박력분, 인스턴트커피, 베이킹파우더, 소금에 나머지 재료를 넣어서 섞은 다음, 초코칩을 첨가하여 가볍게 섞어준다.

2. 플레인 팬케이크(17쪽) 만드는 법 5를 참고하여 프라이팬에 반죽을 부어서 굽다가 거품이 뽀글뽀글 올라오기 시작하면, 마시멜로 얹고 '만드는 법 6, 7'을 참고하여 굽는다.

마무리

팬케이크 3장을 비스듬히 겹쳐 올리고 초콜릿아이스크림을 곁들인다. 그런 다음, 초콜릿소스를 뿌리고 자신의 취향에 맞는 견과를 올린다.

Sweet
Pancake 10

레몬과 붉은 열매 팬케이크

📋 재료(두 접시 분량)

팬케이크(직경 약 8㎝×6장 분량)

박력분	80g
베이킹파우더	1g
A 소금	1꼬집
달걀노른자	1개
우유	70㎖
무염버터	15g
달걀흰자	1개
그래뉴당	15g
레몬과즙	15㎖
레몬필*	25g

*레몬필 레몬껍질을 삶은 후, 설탕에 조려 만든다. 시중에 판매되고 있다.

레몬크림

레몬과즙	30㎖
달걀	1개
그래뉴당	50g
무염버터	20g

라즈베리소스

라즈베리퓌레	적당량
라즈베리잼	퓌레의 절반

시중에서 구하기 쉬운 딸기잼이나 딸기퓌레로도 가능하다.

마무리

자신의 취향에 맞는 베리	적당량
크렘샹틸리(27쪽)	적당량
레몬필	적당량
레몬껍질	적당량

🥄 만드는 법 팬케이크

재료 A를 수플레 팬케이크(18쪽)와 동일한 방법으로 반죽하고, 준비해둔 레몬과즙과 레몬필을 마지막에 넣은 다음 섞어서 굽는다.

🥄 만드는 법 레몬크림

1. 냄비에 레몬과즙을 넣어서 끓기 직전까지 데운다.

2. 믹싱볼에 달걀을 풀고 그래뉴당을 넣어서 섞은 후, 1을 조금씩 부어서 풀어준다.

3. 2를 냄비에 옮겨서 걸쭉해질 때까지 가열한 후, 믹싱볼에 체로 걸러낸다.

4. 3에 무염버터를 넣어서 섞어 녹인 후, 얼음물에 믹싱볼을 완전히 식힌다.

🥄 만드는 법 라즈베리소스

라즈베리잼을 풀어주고 라즈베리퓌레를 넣어서 잘 섞는다.

🍳 준비 사항

* 팬케이크와 레몬크림의 재료인 레몬과즙은 레몬을 짜서 체에 걸러 씨앗과 과육을 제거한다.

* 팬케이크 재료인 박력분과 베이킹파우더는 함께 체에 친다.

* 팬케이크 재료인 무염버터는 중탕으로 녹인다.

🔖 마무리

팬케이크에 레몬크림을 바르고 레몬필과 자신의 취향에 맞는 베리를 얹는 방식으로 두 번 반복해서 겹쳐 올린 후, 윗면에 크렘샹틸리를 얹고 레몬필과 감자칼로 벗겨서 잘게 커팅한 레몬 껍질을 장식한다. 그런 다음 라즈베리소스를 곁들이고 취향대로 민트를 장식한다.

Sweet
Pancake 11

파인애플소르베*를 곁들인 코코넛 팬케이크

***소르베** 우유를 첨가하지 않고, 과즙이나 리큐르를 얼린 부드러운 빙과류. 셔벗이라고도 부른다.

🗒 재료(한 접시 분량)

팬케이크(직경 약 12cm×3장 분량)

박력분	60g
코코넛밀크파우더	10g
베이킹파우더	1g
베이킹소다	1g
소금	1꼬집
달걀	1개
플레인 요거트	20g
그래뉴당	20g
우유	50㎖
무염버터	10g
코코넛채	적당량

코코넛밀크소스

코코넛밀크	100㎖
연유	50g
콘스타치	5g
물	2작은술

파인애플소르베(※3~4인분)

파인애플	200g
물	80㎖
그래뉴당	50g
레몬즙	1큰술

※3~4인분이므로 양이 조금 넉넉하다. 보존용기에 담아서 냉장고에 넣어두면 1주일간 보존할 수 있다.

마무리

파인애플	적당량

🧢 준비 사항

* 팬케이크 재료인 박력분, 코코넛밀크 파우더, 베이킹파우더, 베이킹소다, 소 금을 함께 체에 친다.
* 무염버터는 중탕으로 녹인다.
* 코코넛채는 프라이팬에서 볶는다.

🥄 만드는 법 팬케이크

모든 재료를 섞어서 플레인 팬케 이크(17쪽) 만드는 법을 참고하여 반죽을 만들고, 코코넛채를 얹은 프라이팬 위에 반죽을 부어서 굽 는다.

🥄 만드는 법 코코넛밀크소스

냄비에 코코넛밀크와 연유를 넣어 서 데우고, 물에 푼 옥수수전분을 첨가하여 걸쭉해질 때까지 끓인다.

🥄 만드는 법 파인애플소르베

1. 물과 그래뉴당을 끓인 시럽과 파인애플, 레몬즙을 믹서로 돌린 다음, 트레이에 부어서 냉동실에서 잠깐 얼린다.

2. 1이 얼기 시작하면 푸드프로세 서에 돌려서 공기가 들어가게 하고 다시 잠깐 얼린다. 이 과정을 2~3 회 반복한 후, 실리콘 틀 등에 부어 서 살짝 얼린다.

🔪 마무리

팬케이크 3장을 겹쳐 올리고 코코넛밀크소스를 부은 후 파인애플을 올린다. 그리고 파인애플소르베를 곁들인 다음, 취향대로 민트를 장식한다.

Sweet
Pancake 12

고구마 참깨 팬케이크

📑 재료(한 접시 분량)

고구마오렌지조림

고구마	약 200g
꿀	30g
오렌지주스(과즙 100%)	200㎖

팬케이크(직경 약 10㎝×4장 분량)

박력분	60g
베이킹파우더	1g
소금	1꼬집
달걀	1개
우유	30㎖
고구마오렌지조림	80g
고구마오렌지조림즙	25㎖
검은깨	적당량

마무리

크렘샹틸리(27쪽)	적당량
고구마오렌지조림	껍질이 있는 것

👨‍🍳 준비 사항

* 박력분, 베이킹파우더, 소금을 함께 체에 친다.

🥄 만드는 법 고구마오렌지조림

1. 고구마를 씻어 절반은 껍질을 벗기고 절반은 껍질이 있는 채로 2㎝ 두께로 썰어서 물에 담근다.

2. 냄비에 1과 오렌지주스와 꿀을 넣어 약한 불로 15~20분 조려서 부드러워지면, 껍질이 없는 쪽을 꺼내서 뜨거울 때 으깬다.

🥄 만드는 법 팬케이크

1. 믹싱볼에 우유와 달걀을 넣고 고구마오렌지조림의 조림즙을 첨가하여 섞는다. 그리고 고구마오렌지조림 2에서 으깬 고구마를 넣어서 섞어준다.

2. 플레인 팬케이크(17쪽) 만드는 법 5를 참고하여 프라이팬을 달군 후, 검은깨를 뿌리고 그 위에 반죽을 부어서 만드는 법 6, 7을 참고하여 굽는다.

마무리 팬케이크를 전부 겹쳐 올린 후, 크렘샹틸리와 껍질이 있는 고구마오렌지조림을 곁들인다.

Sweet
Pancake 13

그리오트*와 마스카르포네* 크림을 곁들인 초코 팬케이크

* **그리오트 체리** Griotte 신 버찌의 일종. 단 버찌인 다크 체리와 비교하면 열매가 작고 신맛이 난다. 날로 먹으면 너무 시기 때문에, 주로 요리에 쓰인다.
* **마스카르포네** Mascarpone 크림치즈의 일종. 일반적으로 크림으로 사용하거나 디저트로 과일과 함께 먹는다.

재료(한 접시 분량)

팬케이크(직경 약 12㎝×3장 분량)

박력분	60g
코코아파우더(무당)	15g
베이킹파우더	2g
소금	1꼬집
달걀	1개
그래뉴당	20g
플레인 요거트	10g
우유	50㎖
무염버터	20g

마스카르포네크림

마스카르포네치즈	100g
생크림	80㎖
그래뉴당	15g

*마스카르포네는 크림치즈의 일종이므로 취향에 따라 다른 크림치즈로 대체 가능하다.

마무리

자신의 취향에 맞는 베리	적당량
다크 체리	적당량
그리오트 체리	적당량
초콜릿소스(23쪽)	적당량

준비 사항

* 초콜릿소스는 소스가 담긴 용기를 얼음물에 대고 식혀서 걸쭉해지게 한다.
* 무염버터는 중탕으로 녹인다.

마무리

팬케이크 1장에 마스카르포네크림을 짜서 올리고 자신의 취향에 맞는 베리나 그리오트 체리를 얹는 방식을 두 번 반복한다. 그런 다음 가장 위에 있는 팬케이크에 초콜릿소스를 뿌린 후 베리, 다크 체리 등을 올린다.

만드는 법 팬케이크

함께 체에 친 박력분, 코코아파우더, 베이킹파우더, 소금에 나머지 재료를 넣어서 섞은 후, 플레인 팬케이크(17쪽) 만드는 법을 참고하여 굽는다.

만드는 법 마스카르포네크림

1. 믹싱볼에 생크림과 그래뉴당을 넣어서 고무주걱을 들어 올렸을 때 뿔이 생길 정도로 거품을 낸다.

2. 다른 믹싱볼에 마스카르포네치즈를 풀어주고 1을 넣어서 섞는다.

Sweet
Pancake 14

시나몬롤풍 팬케이크

재료(길이 6㎝×9∼12개 분량)

롤케이크용 팬케이크
(직경 약 25㎝×3장 분량)

박력분	80g
베이킹파우더	1g
소금	1꼬집
달걀	1개
우유	100㎖
무염버터	15g
그래뉴당	15g

시나몬필링

메이플시럽	2큰술
갈색설탕	40g
시나몬파우더	1작은술
무염버터	20g
호두	40g
럼주에 절인 건포도	20g

아이싱

슈거파우더	25g
레몬과즙	½작은술∼(※)
물	½작은술∼(※)

※레몬과즙과 물은 습도를 비롯한 그때의 상황에 맞춰서 조금씩 늘리는 것이 좋다.

준비 사항

* 팬케이크 재료인 박력분, 베이킹파우더, 소금을 함께 체에 친다.
* 팬케이크 재료인 무염버터는 중탕으로 녹인다.
* 시나몬필링의 재료인 호두는 130도 오븐에서 약 20분간 구워 잘게 썰어둔다.
* 시나몬필링의 재료인 무염버터는 상온에 내놓는다.
* 아이싱용 레몬과즙과 물을 합쳐둔다.

마무리

팬케이크에 시나몬필링을 바르고 끝에서부터 돌돌 말아준 후, 비스듬히 3∼4등분하여 자르고, 아이싱을 뿌린다.

만드는 법 팬케이크

1. 믹싱볼에 우유를 붓고 그래뉴당, 달걀, 준비해둔 버터를 첨가하여 섞은 후, 체에 친 박력분, 베이킹파우더, 소금에 조금씩 넣으며 섞어서 부드러운 상태로 만든다.

2. 중불 이상에서 달군 프라이팬을 젖은 행주 위에 올린 후, 반죽을 직경 약 25㎝로 펼친다.

3. 뚜껑을 덮어 약한 불로 1∼2분. 표면에 기포가 생기고, 표면까지 익으면 뒤집지 말고 꺼낸다.

만드는 법 시나몬필링

1. 메이플시럽에 갈색설탕, 시나몬파우더를 넣어서 섞는다.

2. 준비해둔 버터를 1에 넣는다.

만드는 법 아이싱

3. 준비해둔 호두와, 럼주에 절인 건포도를 넣어서 섞는다.

믹싱볼에 슈거파우더를 넣고 준비해둔 레몬과즙과 물을 첨가하여 섞는다.

Sweet
Pancake 15

흑당시럽과 콩가루크림을 곁들인 쫄깃한 두유 팬케이크

재료(한 접시 분량)

팬케이크(직경 약 12㎝×3장 분량)

박력분	60g
밀기울	10g
베이킹파우더	1g
베이킹소다	1g
소금	1꼬집
달걀	1개
그래뉴당	15g
두유	70㎖
무염버터	15g

흑설탕 사과 소테

사과	¼개
흑설탕(분말)	10g
무염버터	10g

콩가루샹틸리

생크림	40㎖
그래뉴당	3g
콩가루	4g

마무리

흑당시럽	적당량
콩가루	적당량

준비 사항

＊ 팬케이크 재료인 박력분, 베이킹파우더, 베이킹소다, 소금을 함께 체에 친다.

＊ 팬케이크 재료인 무염버터는 중탕으로 녹인다.

＊ 사과는 껍질이 있는 채로 두께 5mm로 슬라이스한다.

만드는 법 팬케이크

체에 친 박력분, 베이킹파우더, 베이킹소다, 소금에 밀기울을 갈아 넣은 후, 두유를 첨가하고 섞는다. 그리고 나머지 재료를 넣어서 섞은 후 플레인 팬케이크(17쪽) 만드는 법을 참고하여 굽는다.

만드는 법 흑설탕 사과 소테

1. 프라이팬에 무염버터를 녹인 후, 흑설탕을 넣어서 녹인다.

2. 준비해둔 사과를 넣고 볶는다.

만드는 법 콩가루샹틸리

생크림에 그래뉴당을 넣어 고무주걱을 들어 올렸을 때 뿔이 설 정도로 거품을 내고, 콩가루를 넣어서 가볍게 섞는다.

마무리

팬케이크 2장을 겹쳐 올리고 흑설탕 사과 소테를 얹은 후, 콩가루를 위에서 뿌린다. 콩가루샹틸리와 흑당시럽을 곁들이고 취향대로 처빌을 장식한다.

Sweet
Pancake 16

러스크 & 플로랑탱*

***플로랑탱** florentin 타르트지 위에 캐러멜화한 슬라이스 아몬드를 올려서 구운 과자.

재료(각 3장씩)

자신의 취향에 맞는 팬케이크
(직경 10㎝×9장 분량)

메이플슈거 러스크(직경 10㎝×3장 분량)

메이플시럽	½큰술
무염버터	10g
메이플슈거	적당량

치즈 & 블랙페퍼 러스크 (직경 10㎝×3장 분량)

무염버터	10g
치즈가루	적당량
블랙페퍼	적당량

플로랑탱(직경 10㎝×3장 분량)

무염버터	15g
그래뉴당	15g
꿀	15g
생크림	25㎖
슬라이스 아몬드	25g

준비 사항

* 플로랑탱용 슬라이스 아몬드를 프라이팬에 볶는다.

* 러스크용 무염버터는 중탕으로 녹인다.

마무리

플로랑탱이 다 구워져 오븐에서 꺼냈을 때, 슬라이스 아몬드가 팬케이크 바깥으로 흘러나왔을 경우에는 식어서 굳어지기 전에 포크 등으로 제자리에 돌려놓고 식힌다.

만드는 법 팬케이크

살짝 굳어가는 팬케이크나 자신의 취향에 맞는 팬케이크를 130도 오븐에서 약 30분간 굽는다.

만드는 법 러스크

메이플슈거 러스크

녹인 버터에 메이플시럽을 첨가한 것을 팬케이크에 바르고, 위에 메이플슈거를 뿌린 후 130도 오븐에서 약 30분간 굽는다.

치즈 & 블랙페퍼 러스크

녹인 버터를 팬케이크에 바르고 치즈가루와 블랙페퍼를 뿌린 후 130도 오븐에서 약 30분간 굽는다.

만드는 법 플로랑탱

1. 냄비에 무염버터, 그래뉴당, 꿀, 생크림을 넣고 걸쭉해질 때까지 졸인다.

2. 불을 끄고 준비해둔 슬라이스 아몬드를 넣는다.

3. 30분간 구운 팬케이크 위에 2를 펼쳐 올리고 140도 오븐에서 약 30분간 구워준다.

Meal
Pancake 1

사르르 녹는 슬라이스 치즈 퐁뒤 팬케이크

재료(두 접시 분량)

팬케이크(직경 약 12cm × 3장 분량)

플레인 팬케이크(17쪽)	6장

치즈퐁뒤소스

화이트와인	20㎖
물	40㎖
체다 슬라이스 치즈	4장
모차렐라 슬라이스 치즈	4장

마무리

생햄	적당량
자신의 취향에 맞는 채소	적당량
호두	적당량
블랙페퍼	적당량

준비 사항

* 체다 슬라이스 치즈와 모차렐라 슬라이스 치즈를 잘게 자른다.
* 호두는 130도 오븐에서 약 20분간 구운 후 잘게 썰어둔다.

만드는 법 팬케이크

1. 박력분, 베이킹파우더, 베이킹소다, 소금을 함께 체에 친다.

2. 다른 믹싱볼에서 플레인 요거트와 그래뉴당을 섞은 후 우유를 넣어서 섞는다.

3. 2에 달걀을 넣어서 섞은 후, 녹여둔 버터를 첨가하여 섞는다.

4. 1에 3을 조금씩 넣어서 부드러운 상태가 될 때까지 저어준다.

5. 프라이팬을 중불 이상에서 달군 후, 젖은 행주 위에 프라이팬을 올린다.

6. 5의 프라이팬에 4의 반죽의 ⅓을 조금 높은 곳에서 부은 다음 중약불로 굽고, 표면의 약 ⅓에 기포가 올라와서 터지기 시작하면 프라이팬을 다시 젖은 행주 위에 올려놓고 반죽을 뒤집는다.

마무리

채소는 필요에 따라 데치거나 볶는다. 팬케이크에 채소나 생햄을 곁들인 후, 빵 위에 치즈퐁뒤소스를 붓고 준비해둔 호두를 얹은 다음 블랙페퍼를 뿌린다.

7. 6을 중약불로 1~2분간 구운 후 팬케이크 아래에 뒤집개가 쉽게 통과할 정도가 되면 완성이다.

만드는 법 치즈퐁뒤소스

화이트와인과 물을 냄비에 넣어 중불 이상에서 끓인 후, 준비해둔 모차렐라 치즈와 체다 치즈를 넣어서 녹인다.

Meal
Pancake 2

클럽하우스 샌드위치풍 팬케이크

재료(한 접시 분량)

팬케이크

플레인 팬케이크(17쪽)

─────────────── 직경 약 12cm×3장

마무리

닭가슴살	⅓쪽
슬라이스 베이컨	1장
토마토	½개
달걀	1개
양상추	적당량
물냉이	적당량
마요네즈	적당량
홀그레인 머스터드	적당량
소금	적당량
화이트페퍼	적당량

*물냉이 대신 시금치 등의 녹색채소로 대신하여도 된다.

준비 사항

* 토마토는 꼭지를 떼고 얇게 썰어두자.

만드는 법 팬케이크

플레인 팬케이크를 반죽하여(17쪽) 팬에 펼치고, 예열해둔 오븐토스터 또는 오븐으로 원하는 굽기만큼 굽는다.

만드는 법 마무리

1. 달군 프라이팬에 기름(분량 외)을 두르고, 소금과 화이트페퍼를 뿌린 닭고기를 구운 후 얇게 포를 뜨듯이 썰어준다.

2. 달군 프라이팬에 베이컨을 구운 후 꺼낸다. 이어서 달걀을 깨서 뒤집개 등으로 노른자를 터뜨린 후 모든 면을 익힌다.

3. 팬케이크 한쪽 면에 마요네즈를 바르고, 양상추와 잘라놓은 토마토와 2를 얹는다.

4. 3의 위에 마요네즈를 양면에 바른 팬케이크를 얹고 양상추와 물냉이와 1을 얹은 다음, 홀그레인 머스터드를 바른 팬케이크를 올린다.

Meal
Pancake 3

훈제연어와 레몬버터소스 팬케이크

📋 재료(두 접시 분량)

팬케이크(직경 약 15cm×2장 분량)

박력분	45g
전립분	15g
베이킹파우더	1g
베이킹소다	1g
소금	1꼬집
달걀	1개
우유	35㎖
플레인 요거트	15g
그래뉴당	15g
무염버터	10g

레몬버터소스(※3~4인분)

레몬즙	30㎖
무염버터	60g
소금	적당량
화이트페퍼	적당량

마무리

사워크림	적당량
양상추 등의 좋아하는 채소	적당량
주키니*	적당량
훈제연어	적당량
양파	¼개
레몬껍질	적당량

*주키니 애호박과 비슷하게 생긴 호박의 일종. 애호박보다 길고 색이 진하다. 당질과 비타민A가 풍부해서 농가 작물로 주목받고 있다.

👨‍🍳 준비 사항

* 팬케이크 재료인 박력분, 전립분, 베이킹파우더, 베이킹소다, 소금을 함께 체에 친다.

* 팬케이크 재료인 무염버터를 중탕으로 녹인다.

* 레몬버터소스의 재료인 무염버터는 상온에 내놓는다.

* 레몬과즙의 재료인 레몬은 짜서 체에 걸러 씨앗과 과육을 제거한다.

* 양파는 잘게 썰어서 가열한 프라이팬에 올리브오일(분량 외)을 두르고 투명해질 때까지 볶은 후 식힌다.

🥄 만드는 법 팬케이크

체에 친 박력분, 전립분, 베이킹파우더, 베이킹소다, 소금에 나머지 재료를 넣어서 섞은 후, 플레인 팬케이크(17쪽) 만드는 법을 참고하여 굽는다.

🥄 만드는 법 레몬버터소스

냄비에 레몬과즙을 데우고 무염버터를 넣어서 녹인 후, 소금과 화이트페퍼를 첨가한다. 그리고 불을 끈 다음 냄비째로 얼음물에 대고 걸쭉해질 때까지 식힌다.

※3~4인분이므로 양이 조금 넉넉하다. 보존용기에 담아 냉장고에 넣어두면 3일간 보존할 수 있다. 사용할 때는 냄비에 옮겨서 데운 후, 다시 얼음물에 갖다 대서 걸쭉해지게 만들어 사용한다.

🥄 만드는 법 마무리

1. 팬케이크에 사워크림을 바른 후, 준비해둔 양파를 얹고 양상추를 비롯해 자신의 취향에 맞는 잎 채소를 올린다.

2. 1에 훈제연어를 올리고 감자칼로 얇게 썬 주키니와 감자칼로 벗겨서 잘게 자른 레몬 껍질을 얹은 후 레몬버터소스를 뿌린다.

Meal
Pancake 4

토마토 스크램블에그를 곁들인 고구마 팬케이크

📋 재료(두 접시 분량)

팬케이크(직경 약 12cm × 4장 분량)

고구마	1개
양파	½개
달걀	1개
박력분	50g
소금	1꼬집
화이트페퍼	조금
베이킹파우더	1g
우유	30㎖

토마토 스크램블에그

토마토(작은 것)	2개
달걀	2개
마늘	1쪽
소금	조금
화이트페퍼	조금
무염버터	15g
올리브오일	적당량

바질버터(※3~4인분)

무염버터	50g
바질	1장
소금	조금
레몬과즙	1작은술

※3~4인분이므로 양이 조금 넉넉하다. 랩을 꼼꼼하게 씌워서 냉장고에 넣어두면 3일간 보존할 수 있다.

마무리

바질	적당량

🍳 준비 사항

* 바질버터의 재료인 무염버터는 상온에 내놓은 후, 거품기를 사용하여 크림 상태로 만들어둔다.

* 고구마는 껍질을 벗겨서 1~2cm 두께로 십자썰기를 한 다음, 물에 담근다.

* 팬케이크 재료인 박력분과 베이킹파우더는 함께 체에 친다.

* 토마토는 뜨거운 물에 데쳐서 껍질을 벗기고(97쪽) 큼직하게 썰어둔다.

🥄 만드는 법 팬케이크

1. 준비해둔 고구마를 완전히 익혀서 적당하게 썰어준다.

2. 달걀을 풀어서 소금, 화이트페퍼, 우유를 넣고 1과 양파 간 것을 넣는다.

3. 체에 친 박력분과 베이킹파우더를 넣어서 섞은 후, 플레인 팬케이크 만들기(17쪽)와 같은 방식으로 팬케이크를 굽는다.

🥄 만드는 법 토마토 스크램블에그

1. 올리브오일을 두르고 가열한 프라이팬에 마늘을 빻아서 넣은 후, 향기가 나기 시작하면 준비해둔 토마토를 첨가한다. 그리고 소금, 화이트페퍼를 넣은 다음 수분이 없어질 때까지 볶은 후 무염버터를 넣어서 녹인다. 달걀은 풀어둔다.

2. 1에 풀어둔 달걀을 넣고 약한 불에서 섞어주며 화력을 높여간다.

🥄 만드는 법 바질버터

1. 크림 상태인 버터에 잘게 자른 바질을 넣고 소금과 레몬과즙을 첨가하여 섞는다.

2. 랩을 씌워 기다란 막대기 형태로 만들고 냉장고에 넣어서 굳힌다.

 **마무리** 고구마 팬케이크에 취향대로 자른 바질버터를 얹고 토마토 스크램블에그를 곁들인 후 적당한 크기로 자른 바질을 얹는다.

Part2

프렌치토스트

폭신폭신하고 촉촉한 프렌치토스트의 환상적인 식감. 빵을 달걀물(아파레유)에 푹 적셔서 버터로 굽기만 하면 완성된다. 또한 빵이나 아파레유의 종류, 적시는 시간 등을 바꾸면 마치 다른 레시피로 만든 듯 새로운 요리를 만날 수 있을 것이다.

프렌치토스트

프랑스어로는 '팡 페르뒤'

팡 페르뒤라는 말은 왠지 무척이나 멋스런 어감을 주지만, 본래는 '못쓰게 된 빵'이라는 뜻을 가지고 있다. 오래된 빵이나 브리오슈* 등을 낭비하지 않기 위해서 우유, 달걀, 설탕 등을 함께 섞은 '아파레유'에 적신 후 버터를 바른 프라이팬에서 구운, 무척이나 단순하고 친근한 프랑스 가정 요리이다. 특별한 규칙도 없다. 집에서 사용하는 어떤 프라이팬을 사용해도 괜찮다. 새로운 아파레유나 토핑을 고안함으로써 프렌치토스트의 레시피는 무한대로 늘어난다.

폭신폭신하고 촉촉한 프렌치토스트. 자유로운 발상으로, 행복이 가득하고 웃음이 넘치는 여러분만의 프렌치토스트를 즐길 수 있게 되기를 바란다.

* **브리오슈** Brioche 밀가루, 버터, 달걀, 이스트, 설탕 등으로 만든 달콤한 프랑스 빵.

아파레유

빵을 적시는 액체를 '아파레유'라고 한다.

원래는 우유, 달걀, 설탕을 함께 섞은 것이지만, 베이스가 되는 우유를 두유나 주스, 와인 등으로 바꾸어서 즐길 수도 있다. 이 책에 담긴 모든 레시피에서는 추천하는 빵의 종류나 아파레유의 양, 아파레유에 빵을 적시는 시간을 소개하고 있지만, 자신의 취향에 맞는 식감이나 맛에 따라서 빵의 종류를 바꾸거나 아파레유에 하루 꼬박 적셔두는 등 자유롭게 변경해보기를 바란다.

또한, 빵은 구입한 당일이나 하루 지난 것을 기본적으로 사용하고 있다. 며칠이 지나 말라서 딱딱해졌을 경우에는 빵의 상태에 따라 아파레유의 양이나 빵을 적시는 시간을 늘리면 된다.

프렌치토스트를 만들 때 사용하는 빵

기본적으로 빵이라면 무엇이든 괜찮다. 딱딱해진 빵이나 남은 빵 등, 어떤 빵이라도 맛있게
만들 수 있는 것이 프렌치토스트의 매력이다. 아래에 이 책의 레시피에 맞춘 빵을 소개하고 있지만,
그 밖의 빵을 사용해 다양한 프렌치토스트를 구워서 자신의 취향에 맞는 것을 찾아보자.

식빵

기본적으로 일반적인 두께의 식빵을 추천한다. 폭신한 식감을 원할 때는 두꺼운 것을, 바삭한 식감을 원할 때는 얇은 것으로 만들어보자.

데니시식빵

버터나 크림을 넣어서 반죽한, 유지 성분이 가득한 달콤한 빵. 촉촉하고 디저트 같은 식감이다.

바게트

겉은 바삭하고 속은 쫄깃한 식감. 껍질과 안의 식감 대비가 절묘한 균형을 이룬다.

호두모닝빵

호두가 들어간 모닝빵. 호두가 씹히는 맛이 포인트가 되어 고소한 맛이 뛰어난 빵이다.

팬케이크

빵푸딩과 같이 식감이 폭신하고 부드럽다.

호텔식빵

발효버터나 생크림을 사용하여 풍부한 맛. 식빵보다 풍성하고 부드러운 식감의 요리를 완성하고 싶을 때 추천한다.

화이트브레드

밀기울과 밀눈을 제거한 흰색 밀가루로 만들어지는 빵. 속재료를 넣고 샌드위치로 만들면 단면이 깔끔해 보인다.

캄파뉴

'시골빵'이라는 뜻으로 가벼운 산미가 나는 것도 있다. 토핑을 활용하면 개성 있는 캄파뉴가 완성된다.

오픈톱식빵

일반 식빵에 비해 결이 빽빽하지 않아 가볍고 식감이 폭신하다. 산 모양이므로 접시에 올려놓으면 색다른 느낌이 있다.

= 잉글리시 브레드 : 빵의 윗부분을 자연스럽게 부풀려 산봉우리 모양으로 만든 빵.

건포도식빵

건포도가 들어 있어 촉촉하고 깊은 맛을 낸다.

팬케이크
바게트
데니시식빵
식빵

프렌치토스트

빵을 달걀물에 적신 후, 버터로 노릇하게 굽기만 하면 폭신폭신하고 촉촉한 식감이 난다.

재료(두 접시 분량)

식빵(두께 약 2cm)	2장
달걀	1개
우유	100㎖
그래뉴당	15g
무염버터	10g

빵을 적셔두는 기본 시간

이 책에서는 빵에 아파레유가 모두 스며들면 OK. 기본적으로는 5~15분이다. 빵이 건조된 상태나 종류에 따라 혹은 취향대로 완성될 수 있도록 조절하자.

❓ 같은 레시피에서 빵을 바꿔 만든다면……

같은 레시피라도 빵이나 아파레유에 적시는 시간을 바꿈으로써 풍미나 식감이 완전히 달라진다. 프렌치토스트의 가능성은 점점 넓어지고 있다. 반드시 다양하게 시도하여 마음에 드는 토스트를 찾아보자.

팬케이크
폭신폭신한 빵푸딩과 같은 식감이 난다.

데니시식빵(두께 약 3cm)
부드럽고 디저트처럼 고급스럽게 완성된다.

바게트(두께 약 4cm)
표면은 바삭하고 속은 폭신하다.

식빵(두께 약 2cm)
적당한 볼륨감에 촉촉하다.

만드는 법

1. 믹싱볼에 달걀을 풀고 그래뉴당을 넣어서 섞는다.

2. 1에 우유를 부어서 섞는다.

3. 트레이에 식빵을 나란히 놓고 2를 부어서 적신 후, 도중에 뒤집어서 빵에 아파레유를 전부 흡수시킨다.

4. 무염버터를 녹인 프라이팬에 3을 넣어서 중약불로 굽다가 노릇해지면 뒤집는다. 그리고 뒷면도 노릇해질 때까지 굽는다.

Sweet
French toast 1

베리 프렌치토스트

🖌 만드는 법 프렌치토스트

믹싱볼에 아파레유 재료를 함께 섞고 바게트를 적신 다음 프렌치토스트를 굽는다(65쪽).

💧 빵을 적셔두는 기본 시간

10~15분

📋 재료(두 접시 분량)

빵

바게트(두께 약 5cm)	4개
무염버터	15g

아파레유

달걀	1개
우유	100㎖
그래뉴당	15g

라즈베리소스

라즈베리퓌레	적당량
라즈베리잼	퓌레의 반량

마무리

자신의 취향에 맞는 베리	적당량
바닐라아이스크림	적당량
동결건조딸기	적당량

🖌 만드는 법 라즈베리소스

1. 라즈베리잼을 풀어주고 라즈베리퓌레를 넣어서 섞는다.

2. 보존용기에 담아서 냉장고에 넣어두면 3일간 보존할 수 있다.

마무리 반으로 자른 프렌치토스트 위에 라즈베리소스를 뿌리고 자신이 좋아하는 종류의 베리를 얹는다. 그리고 바닐라아이스크림을 곁들이고 동결건조딸기를 뿌린 후 취향대로 처빌을 장식한다.

Sweet
French toast 2

생크림 아파레유와 배, 초콜릿으로 만들어 풍성한 입맛을 자랑하는 최상의 디저트

배와 비터초콜릿* 프렌치토스트

* 비터초콜릿 bitter chocolate 일반 초콜릿에 비해, 맛이 쓴 카카오매스의 양을 많게 하고, 분유와 코코아지방을 적게 한 초콜릿.

💧 **빵을 적셔두는 기본 시간**
약 20분

📋 **재료**(두 접시 분량)

빵

바게트(두께 약 4cm)	4개
배(통조림)	적당량
커버추어초콜릿(카카오 70%)	적당량
무염버터	15g

아파레유

달걀	1개
우유	50㎖
그래뉴당	30g
생크림	50㎖
바닐라빈	1/6개

마무리

앙글레즈소스(13쪽)	적당량
배(통조림)	적당량

🥄 **만드는 법** 프렌치토스트

1. 바게트 중앙에 세로로 칼집을 내고 잘라놓은 배와 초콜릿을 끼운다.

2. 아파레유 재료를 합쳐서 섞고, 1의 바게트를 적신다.

3. 프렌치토스트를 굽는다(65쪽).

🥄 **마무리** 앙글레즈소스와 자른 표면을 불로 가볍게 구운 배를 곁들인 다음, 취향대로 처빌을 장식한다.

Sweet
French toast 3

피치멜바*풍 프렌치토스트

* **피치멜바** Peach melba 바닐라 아이스크림에 반쪽의 복숭아와 라즈베리 소스를 얹은 것.

아파레유
달걀+복숭아콩포트* 액

* **콩포트** Compote 과일을 설탕에 조린 것으로, 만드는 과정은 잼과 같지만 잼과 달리 과육이 덩어리째 살아 있어서 과일 본연의 맛과 향을 즐길 수 있다.

🌢 빵을 적셔두는 기본 시간
10~15분

🗒 재료(두 접시 분량)

빵

호텔식빵(두께 약 2.5cm)	2장
무염버터	15g

아파레유

달걀	1개
우유	70㎖
그래뉴당	10g
복숭아콩포트 액	30㎖

복숭아콩포트(※3~4인분)

복숭아	2개
그래뉴당	250g
물	500㎖
바닐라	¼개
레몬	슬라이스 1장

※3~4인분이므로 양이 조금 넉넉하다. 보존용기에 담아서 냉장고에 넣어두면 3일간 보존할 수 있다.

마무리

라즈베리소스(67쪽)	적당량
바닐라아이스크림	적당량
라즈베리	적당량

🍴 만드는 법 프렌치토스트

믹싱볼에 아파레유 재료를 모두 섞은 후, 호텔식빵을 적셔서 프렌치토스트를 굽는다(65쪽).

🍴 만드는 법 복숭아콩포트

1. 복숭아를 씻고 오목한 부분을 따라 칼로 껍질 표면에 칼집을 한 바퀴 넣는다.

2. 1의 복숭아를 뜨거운 물에 담갔다가 껍질을 벗긴다. 다른 냄비에 물과 그래뉴당을 넣어서 끓인 시럽을 식혀둔다.

3. 2의 복숭아와 시럽, 레몬과 바닐라를 함께 냄비에 넣고 뚜껑을 덮은 후, 약 30분간 약한 불로 조린다. 열기를 식힌 다음, 냉장고에 넣어 차갑게 한다.

마무리 프렌치토스트를 대각선으로 잘라 접시에 올리고, 복숭아콩포트와 바닐라아이스크림을 곁들인 다음, 라즈베리소스를 붓고 라즈베리를 뿌린다. 그리고 취향대로 처빌을 장식한다.

Sweet
French toast 4

레몬진저 프렌치토스트

아파레유

달걀+레몬진저시럽

💧 빵을 적셔두는 기본 시간

10〜15분

재료(네 접시 분량)

빵

데니시식빵(두께 약 3cm)	4장
무염버터	10g

아파레유

달걀	1개
진저시럽	80㎖
레몬과즙	20㎖

진저시럽

물	70㎖
그래뉴당	30g
생강 간 것	10g

마무리

슬라이스 레몬	적당량
진저시럽	적당량

🥄 만드는 법 진저시럽과 프렌치토스트

1. 냄비에 물과 그래뉴당을 넣고 데운 후. 생강 간 것을 첨가하여 끓기 직전까지 가열하고 식혀서 진저시럽을 만든다.

2. 믹싱볼에 아파레유 재료를 모두 섞고 데니시식빵을 적신다.

3. 프렌치토스트를 굽는다(65쪽).

마무리 프렌치토스트에 슬라이스 레몬을 올리고 전체에 진저시럽을 뿌린다.

Sweet
French toast 5

오렌지 프렌치토스트

아파레유

달걀+오렌지과즙

💧 **빵을 적셔두는 기본 시간**

15〜20분

📋 **재료**(두 접시 분량)

빵

바게트(두께 약 4cm)	4개
무염버터	15g

아파레유

달걀	1개
오렌지과즙	70㎖
그래뉴당	8g

오렌지소스

오렌지과즙	40㎖
그래뉴당	8g
무염버터	15g
그랑마니에르*	1㎖

마무리

초콜릿아이스크림	적당량
오렌지	적당량
오렌지껍질	적당량
초콜릿소스(23쪽)	적당량

*그랑마니에르 grand marnier 오렌지 리큐르. 코냑에 오렌지향을 가미한 알코올 도수 40도의 리큐르이다. 준비가 되어있지 않은 경우 생략해도 무방하다.

👨‍🍳 **준비 사항**

＊ 오렌지를 짜서 체에 걸러 씨앗과 과육을 제거하여 오렌지과즙을 준비한다.

🥄 **만드는 법** 프렌치토스트

믹싱볼에 아파레유 재료를 모두 섞고 바게트를 적셔서 프렌치토스트를 굽는다(65쪽).

🥄 **만드는 법** 오렌지소스

1. 냄비에 오렌지과즙과 그래뉴당을 넣고 조금 졸인 다음. 무염버터를 넣어서 녹인다.

2. 믹싱볼에 옮겨서 그랑마니에르를 첨가하여 섞은 후 얼음물에 믹싱볼을 식힌다.

🔪 **마무리** 프렌치토스트에 초콜릿아이스크림을 곁들이고 토스트 전체에 오렌지소스, 초콜릿소스를 뿌린다. 그리고 강판에 간 오렌지껍질, 겉껍질과 속껍질을 벗겨내 표면을 불로 가볍게 구운 오렌지를 올리고 취향대로 처빌을 장식한다.

Sweet
French toast 6

밤과 메이플시럽이 들어간 몽블랑*풍 프렌치토스트

***몽블랑** 알프스산맥의 최고봉인 몽블랑을 밤크림으로 형상화한 디저트. 밤크림을 얇은 국수 모양으로 짠 것이 특징이다.

Feature's Bread

호두모닝빵

아파레유

달걀+메이플시럽

💧 빵을 적셔두는 기본 시간

약 20분

📋 재료(두 접시 분량)

빵

호두모닝빵(직경 약 8cm)	2개
무염버터	10g

아파레유

달걀	1개
우유	70ml
메이플시럽	30ml

밤크림

밤페이스트	30g
밤크림	30g
생크림	40ml
다크럼	5ml

*재료에 있는 밤크림을 생략하고 밤페이스트와 생크림의 양을 늘려 밤크림을 완성하여도 된다.

마무리

크렘샹틸리(27쪽)	적당량
깐 밤	2~3알
커버추어초콜릿	적당량
슈거파우더	적당량

🥄 만드는 법　프렌치토스트

사진처럼 호두모닝빵을 절반으로 자르고 믹싱볼에 아파레유 재료를 모두 섞은 후, 호두모닝빵을 적셔서 프렌치토스트를 굽는다(65쪽).

🥄 만드는 법　밤크림

1. 밤페이스트에 다크럼을 넣어서 개어준 후, 밤크림을 넣어서 섞는다.

2. 다른 믹싱볼에서 생크림을 걸쭉해질 정도로 거품을 내고 1과 함께 섞는다.

🥄 만드는 법　마무리

1. 프렌치토스트에 크렘샹틸리를 짜서 올린다.

2. 작게 자른 깐 밤을 1에 올리고 다른 프렌치토스트 1장을 얹는다.

3. 2의 위에 마론크림을 짜서 올리고 슈거파우더를 뿌린 후, 잘게 썬 초콜릿이나 깐 밤으로 장식한다.

Sweet
French toast 7

화이트초콜릿과 라즈베리가 빚어내는 최상의 조합에 계속해서 찾게 되는 맛

화이트초콜릿과 라즈베리 프렌치토스트

빵을 적셔두는 기본 시간

20~30분

재료(네 접시 분량)

빵

데니시식빵(두께 약 4㎝)	4장
무염버터	15g
라즈베리	적당량
라즈베리잼	적당량

아파레유

달걀	1개
우유	40㎖
생크림	40㎖
커버추어초콜릿(화이트)	50g

화이트초콜릿소스(※3~4인분)

커버추어초콜릿(화이트)	50g
생크림	100㎖

※3~4인분이므로 양이 조금 넉넉하다. 보존용기에 담아 꼼꼼하게 랩을 씌워 밀착시킨 후 뚜껑을 닫아서 냉장고에 넣어두면 5일간 보존할 수 있다.

마무리

슈거파우더	적당량
라즈베리	적당량

만드는 법 프렌치토스트

1. 데니시식빵 중앙에 칼집을 넣고, 칼집 안에 라즈베리잼을 바른 후 라즈베리를 끼워 넣는다.

2. 우유와 생크림을 끓기 직전까지 데우고 화이트초콜릿을 넣어서 녹인다. 그리고 달걀을 넣어서 섞고 1을 적셔서 프렌치토스트를 구워준다(65쪽).

만드는 법 화이트초콜릿소스

생크림을 끓기 직전까지 데운 후, 화이트초콜릿에 부어서 녹인다.

마무리 프렌치토스트를 자른 후 슈거파우더와 화이트초콜릿소스를 뿌리고 라즈베리를 올린다.

말차 향기가 자아내는 행복. 화이트초콜릿소스를 듬뿍 뿌려서 먹으면 행복이 배가 된다

말차와 화이트초콜릿소스 프렌치토스트

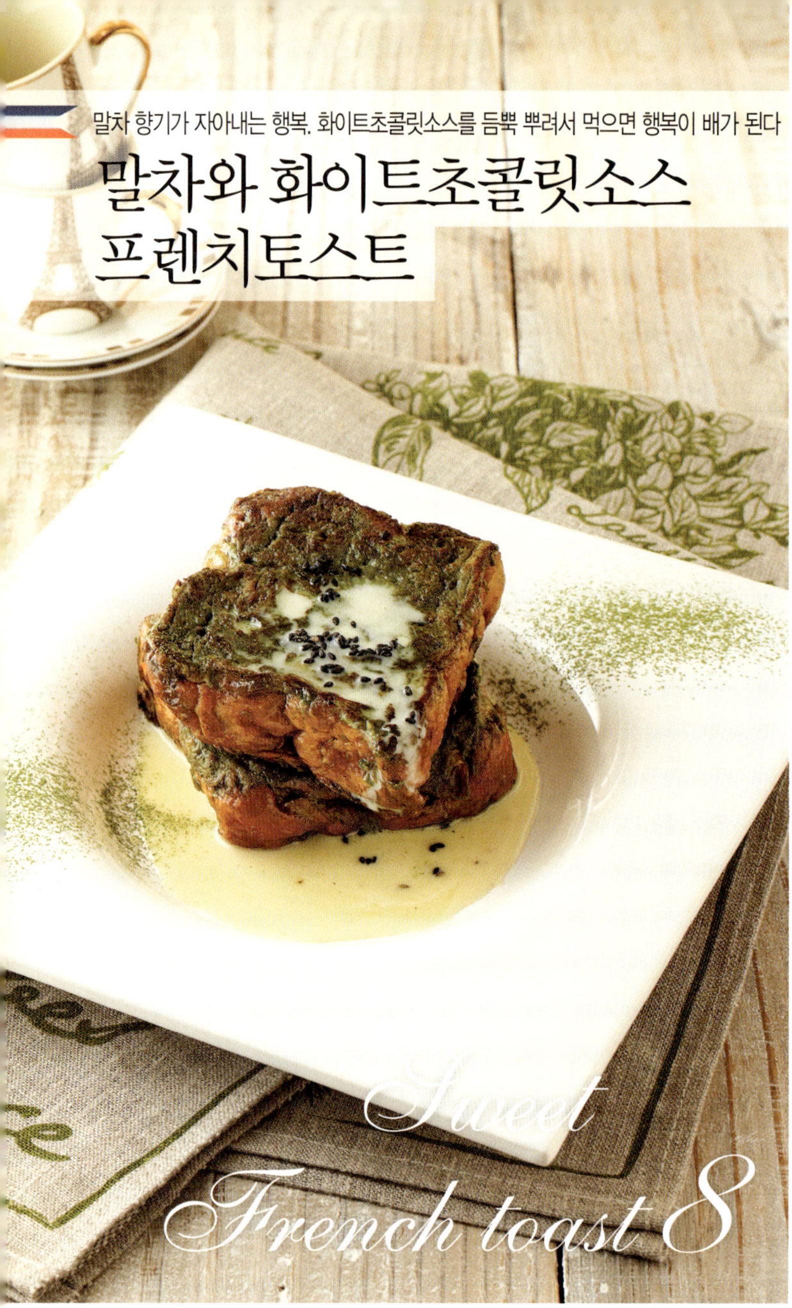

Feature's Bread

데니시식빵

아파레유

달걀+말차+우유

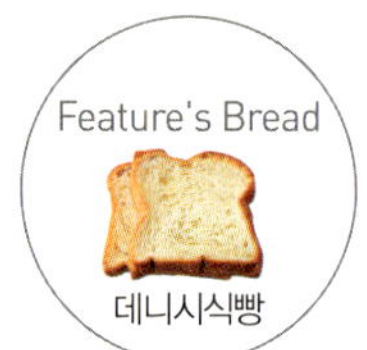

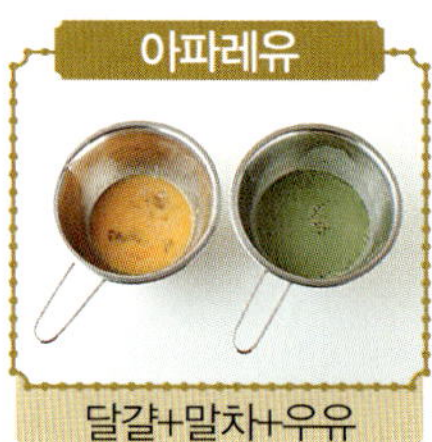

빵을 적셔두는 기본 시간

10~15분

재료(두 접시 분량)

빵

데니시식빵(두께 약 3㎝)	4장
무염버터	15g

아파레유

달걀	1개
우유	100㎖
말차	4g
그래뉴당	15g

마무리

화이트초콜릿소스(79쪽)	적당량
볶은 검은깨	적당량
말차	적당량

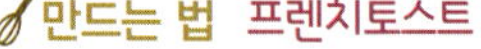

만드는 법 프렌치토스트

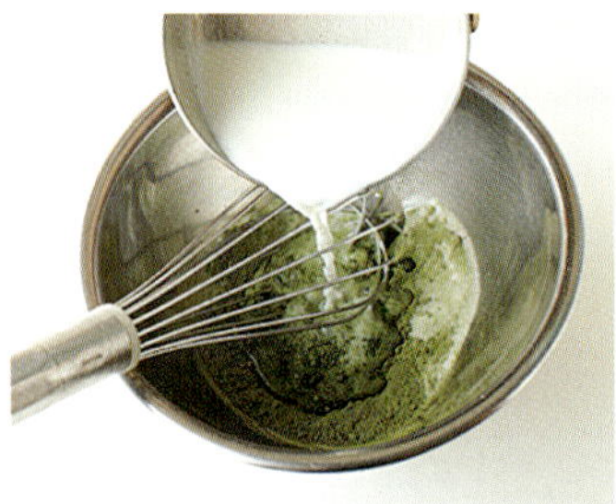

믹싱볼에서 그래뉴당과 말차를 함께 섞은 다음, 끓기 직전까지 데운 우유를 부어서 녹인다. 그리고 달걀을 넣어 섞은 후 데니시식빵을 적셔서 프렌치토스트를 굽는다(65쪽).

마무리 프렌치토스트에 화이트초콜릿소스를 붓고 깨와 말차를 뿌린다.

빵을 적셔두는 기본 시간

15~20분

재료(두 접시 분량)

빵

식빵(두께 약 3cm)	2장
무염버터	10g

아파레유

달걀	1개
우유	100㎖
인스턴트커피	2g
그래뉴당	20g

마무리

에스프레소	적당량
바닐라아이스크림	적당량

아포가토 프렌치토스트

만드는 법 프렌치토스트

냄비로 우유를 끓기 직전까지 데우고 인스턴트커피를 넣어서 녹인 후, 나머지 아파레유 재료를 함께 섞고 식빵을 적셔서 프렌치토스트를 굽는다(65쪽).

마무리

프렌치토스트에 바닐라아이스크림을 올리고, 갓 내린 에스프레소를 위에서 부어준다.

Sweet
French toast 10

밀크티 프렌치토스트

💧 **빵을 적셔두는 기본 시간**

20～30분

📋 **재료**(두 접시 분량)

빵

바게트(두께 약 5cm)	4개
무염버터	10g

아파레유

달걀	1개
우유	150㎖
홍차잎(얼그레이)	4g
그래뉴당	15g
꿀	15g

홍차 앙글레즈소스(※3～4인분)

우유	150㎖
달걀노른자	1개
그래뉴당	20g
홍차잎(얼그레이)	5g

※3～4인분이므로 양이 조금 넉넉하다. 보존용기에 담아서 냉장고에 넣어두면 2일간 보존할 수 있다.

마무리

슬라이스 아몬드(프라이팬에 볶은 것)

	적당량
꿀	적당량

🥄 **만드는 법** 프렌치토스트

냄비에 우유를 붓고 끓기 직전까지 데운 후, 홍차잎을 넣고 뚜껑을 닫아서 5～10분간 우려낸 다음 체로 걸러낸다. 나머지 아파레유 재료를 넣어서 섞은 다음, 바게트를 적셔서 프렌치토스트를 굽는다(65쪽).

🥄 **만드는 법** 홍차 앙글레즈소스

냄비에 우유를 부어서 끓기 직전까지 데우고, 홍차잎을 넣고 뚜껑을 덮어 5분간 우려낸 후 체로 걸러서 다른 냄비로 옮긴다. 앙글레즈소스(13쪽) 만드는 법 2～5를 참고해서 만들자.

🏷️ **마무리** 프렌치토스트에 슬라이스 아몬드를 올리고 꿀과 홍차 앙글레즈소스를 부은 후, 취향대로 민트를 장식한다.

Sweet
French toast 11

사과 카라멜리제와 시나몬 프렌치토스트

Feature's Bread

캄파뉴

아파레유

달걀+우유

💧 **빵을 적셔두는 기본 시간**

10~15분

📋 **재료**(두 접시 분량)

빵

캄파뉴(두께 약 1.5cm)	2장
무염버터	10g

아파레유

달걀	1개
우유	100㎖
그래뉴당	20g

사과 카라멜리제

사과	1개
그래뉴당	30g
무염버터	20g
럼주에 재운 건포도	20g

마무리

크렘샹틸리(※)	적당량
시나몬파우더	적당량

※생크림 적당량에 그래뉴당(생크림 양의 8% 비율)을 첨가하여 거품을 낸 것.

🥄 **만드는 법** 프렌치토스트

믹싱볼에 아파레유 재료를 모두 넣어서 섞은 후, 캄파뉴를 적셔서 프렌치토스트를 굽는다(65쪽).

🥄 **만드는 법** 사과 카라멜리제

1. 달군 프라이팬에 무염버터와 그래뉴당을 녹이고, 껍질을 벗겨 12등분한 사과가 확실히 물들 때까지 볶는다.

2. 마지막에 럼주에 재운 건포도를 넣어서 섞어준다.

🔖 **마무리** 프렌치토스트에 사과 카라멜리제를 올리고 프라이팬에 남은 사과 카라멜리제의 소스를 스푼으로 뿌린다. 그런 다음 크렘샹틸리를 곁들이고 전체에 시나몬을 뿌린 다음 취향대로 처빌을 장식한다.

Sweet
French toast 12

초콜릿과 커스터드 프렌치토스트

💧 **빵을 적셔두는 기본 시간**
30~40분

📋 **재료**(두 접시 분량)

빵

식빵(두께 약 3㎝)	2장
무염버터	10g

아파레유

달걀	1개
우유	40㎖
생크림	40㎖
커버추어초콜릿(카카오 58%)	40g
그래뉴당	15g
크렘파티시에(13쪽)	적당량

마무리

초콜릿소스(23쪽)	적당량
생크림	적당량
코코아	적당량

🥄 **만드는 법** 프렌치토스트

1. 냄비로 생크림을 끓기 직전까지 데우고 믹싱볼에 담긴 초콜릿에 부어서 녹인 후 크렘파티시에 이외의 아파레유 재료를 넣어서 섞는다.

2. 식빵을 절반으로 잘라서 단면에 칼집을 넣고 안에 1을 부어서 스며들게 한 후, 크렘파티시에를 짜서 넣는다.

3. 남은 아파레유에 2를 적셔서 프렌치토스트를 구워준다(65쪽).

🔪 **마무리** 프렌치토스트에 초콜릿소스와 생크림을 붓고 코코아를 뿌린 다음, 취향대로 처빌을 장식한다.

Sweet
French toast 13

모히토풍 프렌치토스트

아파레유
달걀＋라임과즙

💧 **빵을 적셔두는 기본 시간**

15～20분

📋 **재료**(두 접시 분량)

빵

오픈톱식빵(두께 약 2.5cm)	2장
무염버터	15g

아파레유

달걀	1개
라임과즙	80㎖
화이트럼	1큰술
그래뉴당	30g

모히토풍 시럽 절임

자몽	1개
키위	1개
물	100㎖
그래뉴당	50g
화이트럼	½큰술
민트잎	적당량

라임버터소스(※3～4인분)

라임과즙	20㎖
그래뉴당	10g
무염버터	40g

※3～4인분이므로 양이 조금 넉넉하다. 보존용기에 담아 냉장고에 넣어두면 3일간 보존할 수 있다. 사용할 때는 냄비에 옮겨서 데운 다음, 얼음물에 다시 식혀 걸쭉하게 만들어서 사용한다.

마무리

슈거파우더	적당량

👨‍🍳 **준비 사항**

* 아파레유와 라임버터소스의 재료인 과즙은 라임을 짜서 체에 걸러 씨앗과 과육을 제거한다.

🥄 **만드는 법　프렌치토스트**

아파레유 재료를 섞어서 오픈톱식빵을 적신 후 프렌치토스트를 굽는다(65쪽).

🥄 **만드는 법　모히토풍 시럽 절임**

냄비에 물과 그래뉴당을 넣어서 가열하고 화이트럼을 첨가한 후 열을 식힌다. 속껍질을 벗겨낸 자몽과 키위, 민트잎을 넣은 후 냉장고에서 차갑게 식힌다.

🥄 **만드는 법　라임버터소스**

냄비 안의 라임과즙에 그래뉴당을 넣고 가열하여 녹인 다음, 무염버터를 넣어서 녹인다. 그리고 얼음물에 대고 식혀서 걸쭉하게 만든다.

마무리 프렌치토스트에 모히토풍 시럽 절임을 올리고 라임버터소스를 부은 후, 슈거파우더를 뿌리고 취향대로 민트를 장식한다.

Sweet
French toast 14

바나나빵 프렌치토스트

Feature's Bread

집에서 만든
바나나빵

아파레유

달걀+우유+갈색설탕

💧 빵을 적셔두는 기본 시간

20~30분

📋 재료(두 접시 분량)

빵

집에서 만든 바나나빵(두께 약 2.5cm)	4장
무염버터	15g

아파레유

달걀	1개
우유	100㎖
갈색설탕	15g

집에서 만든 바나나빵

박력분	60g
강력분	60g
베이킹파우더	2g
베이킹소다	1g
달걀	1개
갈색설탕	50g
무염버터	50g
바나나	2개
그래뉴당	30g

마무리

코코넛채	적당량
자신의 취향에 맞는 과일	적당량
메이플시럽 또는 꿀	적당량

🥄 만드는 법 바나나빵

1. 프라이팬에 그래뉴당을 넣고 캐러멜 색이 될 때까지 가열한 후, 껍질을 벗겨 2~3cm 크기로 썰어둔 바나나를 넣어 으깨면서 볶는다.

2. 믹싱볼에 무염버터를 넣고 크림 상태로 만든 후 갈색설탕을 첨가하여 잘 섞어주고, 풀어둔 달걀을 조금씩 부으면서 섞는다.

3. 2에 식혀둔 1을 넣는다.

4. 함께 체에 쳐둔 박력분, 강력분, 베이킹소다, 베이킹파우더를 3에 넣어서 잘 섞는다.

4. 종이호일을 설치한 18cm 크기의 파운드 틀에 4를 붓고 180도 오븐에서 약 40분간 구워준다.

🥄 만드는 법 프렌치토스트

아파레유 재료를 섞어주고 두께 2.5cm 정도로 자른 바나나빵을 적신 후 프렌치토스트를 굽는다(65쪽).

👨‍🍳 준비 사항

＊ 바나나빵용 무염버터는 상온에 내놓는다.

＊ 박력분, 강력분, 베이킹소다, 베이킹파우더는 함께 체에 친다.

마무리 프라이팬에 볶은 코코넛채를 프렌치토스트에 올리고 과일을 곁들인 다음 메이플시럽이나 꿀을 뿌리고 취향대로 민트를 장식한다.

망고와 폰텐블로* 프렌치토스트

* **폰텐블로** Fontainebleau 크리미한 질감이 특징인 프랑스산 치즈.

아파레유

달걀+망고주스

🜄 빵을 적셔두는 기본 시간

약 20분

📋 재료(두 접시 분량)

빵

호텔식빵(두께 약 3cm)	2장
무염버터	10g

아파레유

달걀	1개
망고주스(과즙 100%)	100㎖

폰텐블로

플레인 요거트	200g
생크림	70㎖
그래뉴당	30g

망고소스(※3~4인분)

망고주스(과즙 100%)	50㎖
그래뉴당	5g

※3~4인분이므로 양이 조금 넉넉하다. 보존용기에 담아서 냉장고에 넣어두면 3일간 보존할 수 있다.

마무리

망고	적당량

🥄 만드는 법 프렌치토스트

아파레유 재료를 섞어주고 호텔식빵을 적신 후, 프렌치토스트를 굽는다(65쪽).

🥄 만드는 법 폰텐블로(전날 밤에 미리 준비해둔다.)

1. 생크림에 그래뉴당을 넣고 걸쭉해질 정도로 거품을 낸 후 플레인 요거트를 첨가하여 섞는다.

2. 커피필터(또는 키친페이퍼를 깐 소쿠리)에 1을 넣고 하룻밤 두어 물기를 뺀다.

🥄 만드는 법 망고소스

망고주스에 그래뉴당을 넣어서 가볍게 졸인 후 얼음물에 대고 식힌다.

🏷 마무리

프렌치토스트에 폰텐블로를 얹고 망고소스를 뿌린 다음, 껍질을 벗겨서 적당한 크기로 자른 망고를 올린다.

Sweet
French toast 16

건포도식빵

남은 과일이 화려한 프렌치토스트로 대변신. 와인을 좋아한다면 꼭 만들어보자!

상그리아 프렌치토스트

아파레유
달걀+카시스+오렌지주스

💧 **빵을 적셔두는 기본 시간**
약 20분

📋 **재료**(두 접시 분량)

빵
건포도식빵(두께 약 2cm)	4장
무염버터	15g

아파레유
달걀	1개
크렘드카시스	20㎖
오렌지주스	80㎖

상그리아 시럽(※3~4인분)
레드와인	150㎖
오렌지주스	80㎖
크렘드카시스	30㎖
자신의 취향에 맞는 과일	적당량
시나몬파우더	적당량
넛메그*	적당량
바닐라	적당량

상그리아 소스(※3~4인분)
상그리아 시럽	50㎖
그래뉴당	8g

※3~4인분이므로 양이 조금 넉넉하다. 상그리아 시럽, 상그리아 소스 모두 보존용기에 담아 냉장고에 넣어두면 3일간 보존할 수 있다.

마무리
화이트초콜릿소스(79쪽)	적당량

***넛메그** Nutmeg 양념과 향미료로 쓰이는 육두구 나무 열매.

🥄 **만드는 법** **프렌치토스트**

아파레유 재료를 섞은 후, 건포도 식빵을 적셔서 프렌치토스트를 굽는다(65쪽).

🥄 **만드는 법** **상그리아 시럽**

레드와인에 오렌지주스와 크렘드카시스, 자신의 취향에 맞는 과일을 넣은 후 시나몬파우더, 넛메그, 바닐라를 첨가하여 3시간 정도 절인다.

🥄 **만드는 법** **상그리아 소스**

상그리아 시럽에 그래뉴당을 넣고 가볍게 졸인 후 얼음물에 대고 식힌다.

마무리 프렌치토스트에 상그리아 시럽에 절인 과일을 올리고 상그리아 소스와 화이트초콜릿소스를 뿌린 다음, 취향대로 처빌을 장식한다.

Meal
French toast 1

이탈리아 샌드위치풍 프렌치토스트

💧 빵을 적셔두는 기본 시간

단면 약 5분, 빵 전체 약 20분

📋 재료(두 접시 분량)

빵

화이트브레드	2개
모차렐라치즈	100g
바질	적당량
올리브오일	적당량
안초비페이스트	적당량
무염버터	15g

아파레유

토마토(큰 것)	1개
달걀	1개
소금	조금
화이트페퍼	조금

마무리

자신의 취향에 맞는 샐러드	적당량

🥄 만드는 법 프렌치토스트

1. 토마토 이외의 아파레유 재료를 함께 섞어준다. 토마토 중앙에 십자로 칼집을 내고 뜨거운 물에 담갔다 빼서 껍질을 벗긴 후 잘게 썰어서 아파레유에 넣고 섞는다.

2. 화이트브레드를 상하로 이등분하고 사진처럼 위쪽 빵의 단면을 1에 적신다. 그리고 달군 프라이팬에 무염버터를 녹인 다음 그 면을 굽는다.

3. 아래쪽 빵의 단면에 올리브오일과 안초비페이스트를 섞은 것을 바르고, 모차렐라치즈와 바질을 얹은 다음 2로 덮는다.

4. 3의 내용물이 빠져나가지 않도록 눌러준 다음. 아파레유에 양면을 적셔서 프렌치토스트를 구워준다(65쪽).

마무리 프렌치토스트를 세로로 절반을 자르고 취향대로 샐러드를 곁들인다.

Meal
French toast 2

아보카도 연어 프렌치토스트

💧 빵을 적셔두는 기본 시간

약 15분

📋 재료(두 접시 분량)

빵

바게트(두께 약 4cm)	4개
무염버터	15g

아파레유

달걀	1개
우유	100㎖
치즈가루	20g
소금	조금
화이트페퍼	조금

허브치즈크림

크림치즈	60g
레몬과즙	1작은술
딜*	적당량
소금	조금
화이트페퍼	조금

마무리

슬라이스 아보카도	적당량
훈제연어	적당량
양파	적당량
케이퍼*	적당량
딜	적당량

*딜 Dill 향신료로 쓰이는 독특한 향의 허브. 씨와 잎 모두 사용이 가능하고, 비린내를 제거해주어 생선소스에 많이 사용된다.

*케이퍼 Caper 새싹에서 향료를 채취하고, 꽃봉오리로 피클을 만든다. 겨자 같은 매운맛과 상큼한 향이 난다. 연어 유리에 자주 쓰인다.

🥄 만드는 법 프렌치토스트

아파레유 재료를 섞어주고 바게트를 적신 후 프렌치토스트를 굽는다(65쪽).

🥄 만드는 법 허브치즈크림

크림치즈를 풀어주고 나머지 재료를 넣어서 섞는다.

🔖 마무리

프렌치토스트에 슬라이스 아보카도, 얇게 썬 양파, 훈제연어, 허브치즈크림, 딜을 얹고 케이퍼를 뿌린다.

Meal
French toast 3

아쿠아팟차*와 함께 하는 화이트와인 프렌치토스트

*아쿠아팟차 Acqua pazza 흰살 생선에 조개류, 토마토, 화이트 와인 등을 넣어 만든 이탈리아 해산물 찜 요리.

Feature's Bread

바게트

아파레유

달걀+화이트와인

💧 빵을 적셔두는 기본 시간

10~15분

📋 재료(두 접시 분량)

빵

바게트(두께 약 4cm)	4개
무염버터	20g

아파레유

달걀	1개
소금	1g
화이트페퍼	조금
화이트와인	40mℓ
물	20mℓ
화이트와인비네거(식초의 한 종류)	1큰술

아쿠아팟차

대구, 도미, 농어 등	2도막
바지락	250g
소금	조금
화이트페퍼	조금
마늘 다진 것	1쪽
방울토마토	6~8개
화이트와인	50mℓ
케이퍼	1큰술
블랙올리브	적당량
딜	적당량
올리브오일	적당량

🧢 준비 사항

＊ 바지락을 씻어서 농도 3% 정도의 소금물에 잠길 듯 말 듯 담근 후 알루미늄 포일이나 신문지를 덮어서 2~3시간 정도 어둡고 서늘한 곳에 놓고 해감 한다.

＊ 생선은 소금을 뿌려서 물기를 빼낸다.

🥄 만드는 법 프렌치토스트

아파레유 재료를 섞어주고 바게트를 적셔서 프렌치토스트를 굽는다 (65쪽).

🥄 만드는 법 아쿠아팟차

1. 달군 프라이팬에 올리브오일을 두르고 마늘을 넣어서 향기가 나면 준비해둔 생선을 넣고 양면을 구워준다.

2. 해감한 바지락, 방울토마토, 화이트와인을 넣은 후, 뚜껑을 닫고서 찐다.

3. 바지락이 모두 입을 벌리면 올리브, 케이퍼, 딜을 넣고 약 3분간 가열한다. 마지막에 소금과 화이트페퍼로 간을 조절한다.

🔪 마무리 프렌치토스트에 아쿠아팟차를 곁들인다.

Meal
French toast 4

카르보나라를 응용. 샐러드를 곁들이면 가벼운 식사가 되고, 술과 함께 하면 좋은 안주가 된다

카르보나라 프렌치토스트

💧 **빵을 적셔두는 기본 시간**

　5~10분

📋 **재료**(두 접시 분량)

빵

호텔식빵(두께 2.5cm)	2장
무염버터	20g

아파레유

	달걀	1개
	달걀노른자	2개
A	소금	조금
	화이트페퍼	조금
	파르메산치즈(간 것)	20g
우유		50㎖

카르보나라 소스

아파레유 재료 A를 섞은 것	50㎖
베이컨	60g
커민 씨*	적당량
화이트와인	50㎖
블랙페퍼	적당량
소금	조금

마무리

블랙페퍼	적당량

*__커민 씨__ Cumin seed　중동산 식물인 커민의 씨앗이며 향신료로 활용되고 있다. 맵고 톡 쏘는 쓴맛이 난다. 소스에 후추가 들어가기 때문에 생략해도 무방하다. 살짝 매운맛을 주고 싶을 때는 청양 고추나 타바스코 소스 등으로 대신하여도 된다.

🥄 **만드는 법**　**프렌치토스트**

아파레유 재료 A를 모두 섞어주고, 다른 믹싱볼에 50㎖를 나눠서 덜어둔다. 남은 아파레유에 우유를 넣어 섞고 호텔식빵을 적셔서 프렌치토스트를 굽는다(65쪽).

🥄 **만드는 법**　**카르보나라 소스**

1. 달군 프라이팬에 베이컨과 커민 씨를 넣고 볶아준다.

2. 1에 화이트와인을 넣고 가열하여 알코올은 날려 보내고 향만 스며들게 한다.

3. 불을 끄고 덜어놓았던 아파레유 50㎖를 부은 후 달걀이 익지 않도록 계속 섞으며 소금과 블랙페퍼로 간을 맞춘다.

🔪 **마무리**　프렌치토스트에 카르보나라 소스를 붓고 블랙페퍼를 뿌린다.

팬케이크가 화려한 고급 레시피로!

기본 팬케이크에서 폭신하고 쫄깃한 볼륨감 있는 팬케이크까지.
토핑 소스 또한 다채롭다!
접시에 담거나 장식하는 방법도 꼭 참고하자.

팬케이크 보존법

물론 갓 구워낸 팬케이크가 가장 맛있지만, 만일을 위해서 편리한 보존법을 알아보자. 구운 다음 상온
에서 식힌 팬케이크를 한 장씩 랩에 싸서 냄새가 배지 않도록 보존용기나 지퍼백에 담아 냉동실에 넣
어두면 약 1주일간 보존할 수 있다. 먹을 때는 자연 해동한 후, 전자레인지에서 약으로 1~2분간 데워준
다. 오래 데우면 딱딱해지므로 주의하자.

프렌치토스트의 깜짝 대변신!

기본 아파레유(빵을 적시는 액체)의 다양한 응용법을 알아보자.
날마다 먹고 싶은, 어른들을 위한 레시피.
지금까지 먹어온 프렌치토스트와는 전혀 다른 맛과 식감을 즐길 수 있다!

프렌치토스트 보존법

물론 갓 구워낸 프렌치토스트가 가장 맛있지만, 만일을 위해서 편리한 보존법을 알아보자. 구운 다음
상온에서 식힌 프렌치토스트를 한 장씩 랩에 싸서 냉장고에 넣어두면 약 2일간 보존할 수 있다. 소스나
다른 재료 등은 반드시 따로 보관하자. 먹을 때는 전자레인지에서 약으로 1~2분간 데워준다. 오래 데
우면 딱딱해지므로 주의하자.

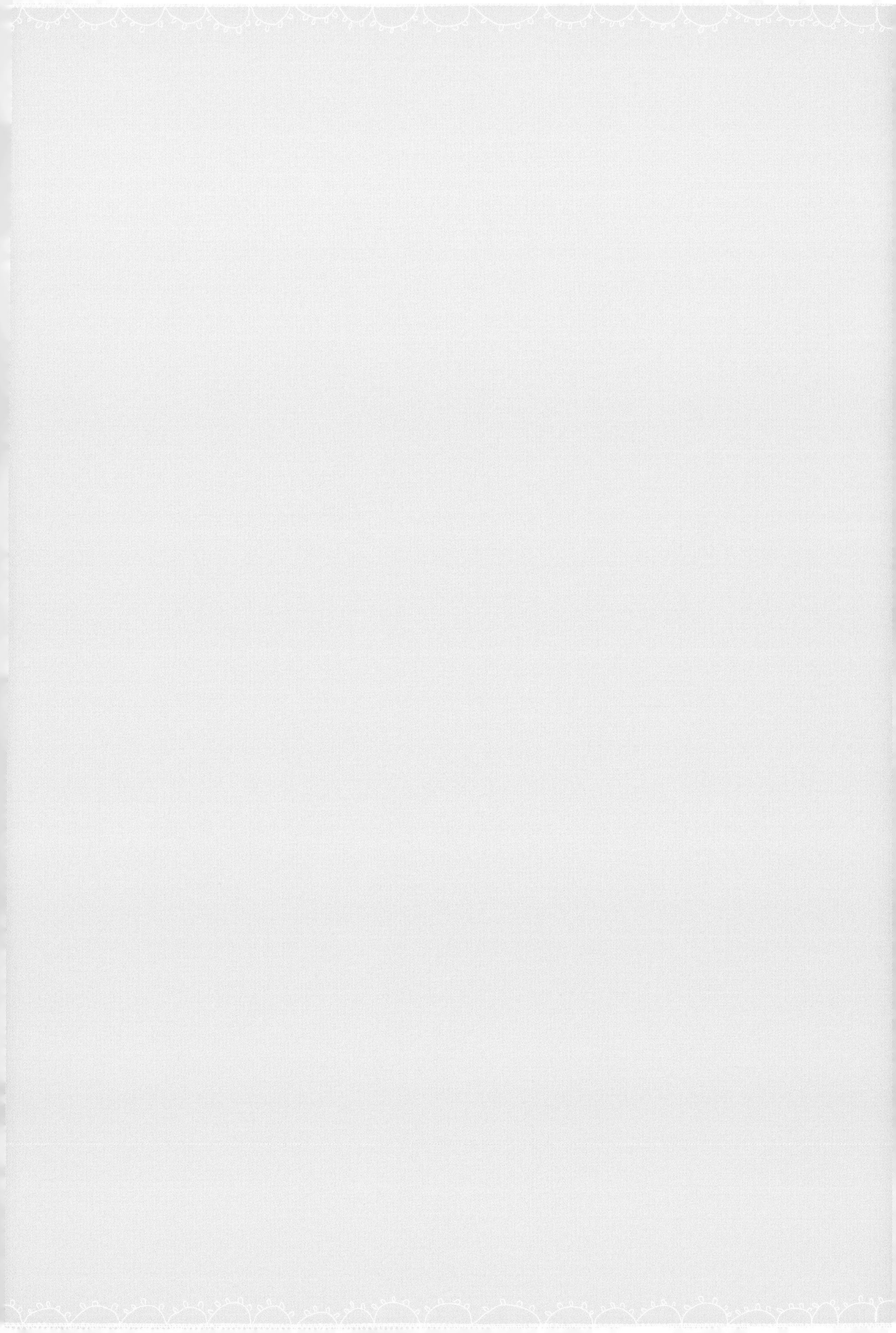

2018 .09. -